Thomas Bührke

Warum Planeten keine Würfel sind

Thomas Bührke

Warum Planeten keine Würfel sind

... und andere astronomische Geheimnisse

Mit Illustrationen von Frank Wowra

HERDER

FREIBURG · BASEL · WIEN

www.herder.de

R·M·E Eschlbeck / Botzenhardt / Kreuzer
Umschlagmotiv: © Anna Zimmermann
Foto des Autors: © privat

Satz: Dtp-Satzservice Peter Huber, Freiburg
Herstellung: CPI – Clausen & Bosse, Leck

Gedruckt auf umweltfreundlichem,
chlorfrei gebleichtem Papier
Printed in Germany

ISBN 978-3-451-30136-0

Inhalt

1. Warum sind Planeten keine Würfel? Die Entstehung der Sonne und ihrer Planeten

Es gibt keine dummen Fragen, nur dumme Antworten, heißt es so schön. Doch die Frage, warum Planeten keine Würfel sind, kommt den meisten schon ziemlich dumm vor. Planeten sind Kugeln, das weiß jeder. Auf einer Weltreise können wir uns davon überzeugen, dass die Erde rund ist. Außerdem tauchen in den Medien immer wieder Weltraumaufnahmen der blauen Erdkugel auf. Die Erde ist nur einer unter sieben weiteren Planeten in unserem Sonnensystem. Alle sind rund. Doch wie rund sind sie wirklich? Schließlich gibt es Berge und Tiefseegräben, die das Ebenmaß stören. Ein Vergleich wird uns aber schnell zeigen, dass diese „Unebenheiten" klein sind im Vergleich zur gesamten Erde.

Der höchste Berg, der Mount Everest, ist 8848 Meter hoch. Der Durchmesser der Erde beträgt 12 756 Kilometer. Nun verkleinern wir unseren Planeten auf die Größe eines Ballons mit einem Meter Durchmesser. Auf dieser Kugel wäre der Mount Everest nicht einmal einen Millimeter hoch, also flacher als eine Ameise. So gesehen ist die Erde eine fast perfekte Kugel. Aber ganz stimmt es doch nicht. Der Durchmesser am Äquator ist nämlich um 42 Kilometer größer als von Pol zu Pol. Bei unserer einen Meter großen Erdkugel würde dieser Unterschied immerhin drei Millimeter ausmachen. Könnte man die Erde senkrecht zum Äquator aufschneiden, so hätte die Querschnittsfläche nicht die Form eines Kreises, sondern einer Ellipse, die räumliche Form nennt man Ellipsoid. Wie kommt unser Planet zu diesem Bauch am Äquator?

Der Grund ist recht einfach: Die Erde dreht sich in 24 Stunden einmal um ihre Achse. Dadurch kommt der Tag-Nacht-Rhythmus zustande. Da der Erdumfang gut 40 000 Kilometer beträgt, wirbelt jeder Punkt am Äquator mit fast

1700 Kilometern pro Stunde herum. Das ist schneller als der Schall, der sich mit etwa 1100 Kilometern pro Stunde ausbreitet. Trotzdem bemerken wir davon nichts, weil sich die Atmosphäre im selben Maße mitdreht. Diese hohe Umdrehungsgeschwindigkeit bewirkt aber eine starke Fliehkraft, die alles nach außen zieht. Wer schon einmal in einem Kettenkarussell gefahren ist, hat das am eigenen Leib zu spüren bekommen. Die Fliehkraft zieht den Erdkörper am Äquator auseinander, so dass der Durchmesser dort größer ist als an den Polen.

Die Erdkugel ist also trotz Bergen und Fliehkraft eine fast perfekte Kugel. Sie wäre ganz perfekt, wenn sie sich nicht drehen würde und komplett mit Wasser bedeckt wäre. Bei den anderen Gesteinsplaneten Merkur, Venus und Mars, zu deren Eigenschaften wir gleich noch kommen, sieht es ganz ähnlich aus.

Etwas anders verhalten sich die äußeren Planeten Jupiter, Saturn, Uranus und Neptun, die von mächtigen Atmosphären umgeben sind. Diese sind undurchdringlich, sodass die Astronomen den im Zentrum vermuteten Gesteinskern nicht beobachten können. Bei den beiden größten Gasplaneten Jupiter und Saturn ist die elliptische Form bereits mit einem kleinen Fernrohr erkennbar. Der „platteste“ Planet ist Saturn. Dessen Äquatordurchmesser ist um fast ein Zehntel größer als der durch die Pole, weil die Fliehkraft am Äquator sehr groß ist. Eine Umdrehung dauert nur 10,6 Stunden, sodass ein Punkt am Äquator, der mit 36 000 Kilometern pro Stunde herumrast. Das ist mehr als zwanzigmal schneller als auf der Erde. Kein Wunder also, dass das „Kettenkarussell Saturn“ ziemlich platt aussieht.

Mit etwas gutem Willen können wir also sagen, dass die Planeten rund sind. Das Gleiche gilt auch für unsere Sonne. Es gibt aber eine Schar von kleineren Mitgliedern im Sonnensystem, die Asteroiden und Kometenkörper, deren Formen eher an Kartoffeln erinnern. Warum sind die großen Körper kugelförmig und die kleinen nicht? Um dies zu verstehen, müssen wir uns mit der Entstehung unseres Sonnensystems beschäftigen.

Wie wurde aus Zigarettenrauch die Erde?

Unsere Sonne, die Planeten, Asteroiden und Kometen sind allesamt aus Staub und Gas geboren. An vielen anderen Orten im Universum entstehen Systeme dieser Art immer noch. Astronomen kennen schon seit Langem riesige Wolken im All, die Geburtsstätten anderer Sonnensysteme sind. Eine kann man sogar mit bloßem Auge sehen: den Orion-Nebel. Er befindet sich, wie der Name schon sagt, im Sternbild des Orion, das in den Wintermonaten abends über dem südlichen Horizont steht. Drei in einer Linie stehende Sterne markieren den Gürtel des antiken Jägers. Unterhalb des mittleren Sterns stehen weitere Sterne, die als Schwert angesehen werden. Dort erkennt man bei genauem Hinschauen den Orion-Nebel als diffuses Wölkchen. Astronomen haben darin mehrere tausend Sterne entdeckt, die gerade entstehen. In einer Wolke dieser Art ist vor 4,6 Milliarden Jahren unser Sonnensystem entstanden.

Betrachtet man den Orion-Nebel auf Fotos, so hat man den Eindruck, es handele sich um eine dicke Qualmwolke. Doch das täuscht. In Wirklichkeit finden sich dort in jedem Kubikmeter weniger Staubteilchen als in einem Reinraumlabor. Dass der Orion-Nebel trotzdem wie eine Wolke wirkt, liegt an seiner enormen Größe. Er besitzt einen Durchmesser von etwa 15 Lichtjahren, und damit kann ihn kein Lichtstrahl durchdringen, ohne irgendwann auf ein Staubteilchen zu treffen. Diese Situation ist ähnlich wie bei nebeligem Wetter, bei dem man vielleicht noch einen hundert Meter entfernt stehenden Menschen erkennt, nicht aber einen tausend Meter entfernten Kirchturm. Allerdings ist es möglich, im

Infrarotlicht in solche kosmischen Nebel hineinzuschauen. Und auf diese Weise haben Astronomen im Orion-Nebel die jungen Sterne entdeckt. Wie geht nun die Geburt eines Sonnensystems in einer solchen Wolke vor sich?

Astronomische Einheit und Lichtjahr

Als es den Astronomen gelang, die Entfernungen zu den Sternen zu messen, mussten sie sich eine neue Einheit für diese gewaltigen Distanzen ausdenken. Der nächste Stern, Proxima Centauri, ist vierzig Billionen Kilometer von der Erde entfernt – eine unhandlich große Zahl. Und die Verhältnisse werden noch viel schlimmer, wenn man die Entfernungen von Galaxien angeben will. Also suchten die Astronomen eine sehr große natürliche Entfernungseinheit. Schließlich würde man ja auch nicht eine Stadt wie beispielsweise Berlin mit einem Geodreieck vermessen.

Sehr früh schon führten sie die Astronomische Einheit (AE) ein. Das ist die mittlere Entfernung der Erde von der Sonne, was etwa 149,6 Millionen Kilometern entspricht. In unserem Sonnensystem ist diese Einheit sehr nützlich. So ist der äußerste Planet Neptun etwa 30 AE von der Sonne entfernt. Doch wenn es um die Entfernungen der Sterne und Galaxien geht, ist auch diese Einheit noch zu klein. Deshalb wählten die Astronomen das Licht als kosmischen Maßstab, weil nichts schneller ist. Und vielleicht auch, weil Licht die einzige Informationsquelle ist, die wir von den Sternen haben.

Ein Lichtstrahl legt im Weltall in einer Sekunde 300 000 Kilometer zurück. Theoretisch könnte er also in einer Sekunde den Erdäquator siebeneinhalb Mal umrunden. In einem Jahr durcheilt er die unvorstellbare Distanz von 9,5 Billionen Kilometern. Diese Strecke ist ein Lichtjahr, abgekürzt Lj. Das Lichtjahr gibt also keine Zeitdauer an, sondern eine Länge. Entsprechend gibt es die Lichtsekunde (300 000 Kilometer), die Lichtminute (18 Millionen Kilometer), die Lichtstunde (ca. 1 Milliarde Kilometer) und so weiter. Hier einige typische Entfernungen:

Erde-Mond:	1,3 Lichtsekunden
Erde-Sonne:	8,3 Lichtminuten
Erde-Neptun:	ca. 4 Lichtstunden
Erde-Proxima Centauri:	4,2 Lichtjahre

Das bedeutet auch, dass das Licht von einem sagen wir 600 Lj entfernten Stern 600 Jahre lang bis zu uns unterwegs war. Wir sehen ihn also in einem Zustand, in dem er sich befand, kurz nachdem Christoph Columbus Amerika entdeckt hatte. Es ist möglich, dass der Stern in dem Moment, in dem wir ihn sehen, gar nicht mehr existiert. Ganz gleich, in welche Richtung am Himmel wir schauen. Stets blicken wir in die Vergangenheit.

Wer die Einheit Lichtjahr erfunden hat, lässt sich nicht mehr genau ermitteln. Der deutsche Astronom Friedrich Wilhelm Bessel konnte 1838 zum ersten Mal die Entfernung zu einem Stern genau messen. Er schrieb damals: „Das Licht gebraucht etwas über zehn Jahre, um diese große Entfernung zu durchlaufen."

Eine grundlegende Eigenschaft unseres eigenen Planetensystems und die Anwendung bekannter physikalischer Gesetze helfen bei der Beantwortung der Frage nach der Geburt eines Sonnensystems weiter. Alle Planeten umkreisen die Sonne in derselben Richtung, und die Bahnen liegen fast in einer Ebene. Diese Tatsachen haben schon vor rund 250 Jahren den deutschen Philosophen Immanuel Kant (1755) und den französischen Physiker und Mathematiker Simon de Laplace (1796) auf den richtigen Gedanken gebracht. Das Sonnensystem ist aus einer sich drehenden Materiescheibe entstanden.

Ganz am Anfang steht eine Staubwolke wie der Orion-Nebel. Sie beinhaltet sehr viel Materie, weshalb in ihr eine starke Schwerkraft wirkt. Diese ist, wie bei den Planeten auch, zum Zentrum der Wolke hin gerichtet. Wenn nun eine solche Wolke eine bestimmte Masse erreicht, dann beginnt sie sich unter dem Einfluss der eigenen Schwerkraft zusammenzuziehen. Anfangs dreht sich die Wolke noch ganz langsam. Doch je kleiner sie wird, desto schneller rotiert sie. Das ist der Pirouetten-Effekt, den man von Eiskunstläuferinnen her kennt: Ziehen sie die Arme an den Körper, so wirbeln sie immer schneller um die Längsachse des Körpers. Physiker nennen dies Drehimpulserhaltung.

Diese Nebel sind von Anfang an nicht gleichmäßig mit Staub gefüllt, sondern wirken eher klumpig. Mit der Folge, dass sich die Klumpen auch schneller zusammenziehen als die restliche Umgebung. Auf diese Weise zerfällt die einst riesige Wolke in kleinere Teile, in denen jeweils ein Sonnensystem entsteht. Betrachten wir nun, wie es darin weitergeht.

Wegen der schnellen Rotation treten starke Fliehkräfte auf, die die Wolke senkrecht zur Rotationsachse auseinanderziehen. Das ist ganz genauso wie bei den abgeplatteten Planeten. Doch bei einer Staubwolke geht die Abplattung so weit, dass sie schließlich die Form einer Scheibe annimmt. In deren Zentrum entsteht der Stern und in der Scheibe die ihn umkreisenden Planeten. Deshalb laufen diese in nahezu einer Ebene und in derselben Richtung um die Sonne. Doch wie wird aus den feinen Staubteilchen, die anfangs noch so klein sind wie in Zigarettenrauch, ein ausgewachsener Planet?

In der Staubscheibe geht es ziemlich turbulent zu. Die winzigen Teilchen stoßen immer wieder zusammen und bleiben aneinander haften. Auf diese Weise wachsen sie. Außerdem sammeln sie sich zunehmend in der Mittelebene der Scheibe in einer verhältnismäßig dünnen Schicht an. Dadurch kommen sich die Teilchen noch näher und stoßen noch häufiger zusammen. Schließlich erreichen sie die Größe von Steinen, Felsbrocken und kilometergroßen Bergen. Das sind die Vorstufen der Planeten. Astronomen nennen sie Planetesimale. Diese üben nun eine so starke Schwerkraft aus, dass sie andere Körper aus der Umgebung anziehen und sich mit ihnen zusammenlagern, bis sie die Größe eines Planeten erreicht haben.

In den äußeren Bereichen des Planetensystems können die Planeten größer werden als innen. Das liegt einfach daran, dass ihre Umlaufbahnen viel länger sind und sie somit mehr Gestein und Staub aus der Umgebung aufsammeln können. Dort kann ein Gesteinsplanet leicht bis auf die zehnfache Erdmasse anwachsen. Anschließend sammelt er aus der Umgebung noch Gas auf und umgibt sich so mit einer dicken Atmosphäre. Fertig ist ein Gasplanet wie Jupiter, Saturn, Uranus oder Neptun. Wie lange dauert die Geburt eines Planeten?

Genau wissen es die Astronomen nicht. Sie vermuten aber, dass es rund 10 000 Jahre dauert, bis Planetesimale entstehen, die zehn bis hundert Kilometer groß sind. Weitere 100 000 Jahre vergehen bis zur fertigen Erde, während ein Gasplanet wohl erst nach mehreren Millionen Jahren zur Endgröße ausgewachsen ist. Sicher sind sich die Forscher darin, dass das Sonnensystem vor 4,6 Milliarden fertig war. Und warum sind die Planeten nun rund?

Wenn anfänglich die Staubteilchen aneinander kleben bleiben, wächst der Körper zu einer unregelmäßigen Form an. Asteroiden wie Gaspra und Ida, von denen die Raumsonde Galileo bei nahen Vorbeiflügen gestochen scharfe Bilder zur Erde übermittelt hat, erinnern deswegen eher an Kartoffeln, als an Planeten. Diese Körper sind aber auch nur einige zehn Kilometer groß.

Wenn sich in der Anfangsphase immer mehr Planetesimale zusammenlagern und der Körper schließlich einen Durchmesser von etwa 800 Kilometern erreicht hat, dann wird der Druck auf das Gestein im Innern so groß, dass der Körper schmilzt und eine Kugelform annimmt. Ursache hierfür ist die Schwerkraft. Sie hält den Körper zusammen und wirkt in alle Richtungen gleich stark. Deswegen die Kugelform, die schon die alten Griechen als Ideal ansahen.

Nachdem wir erfahren haben, wie unser Sonnensystem entstanden ist, wollen wir es im nächsten Kapitel erkunden.

Kräfte im Universum

Physiker kennen heute vier Grundkräfte. Sie allein kontrollieren das gesamte Geschehen in der Natur. Bekannt sind elektrische und magnetische Kräfte. Die haben dieselbe Ursache: elektrisch geladene Teilchen. In der Umgebung einer elektrostatisch aufgeladenen Kugel beispielsweise kann man mit einem geeigneten Instrument ein elektrisches Kraftfeld messen. Wenn man aber diese Kugel gegenüber dem Messgerät bewegt, so misst es ein

Magnetfeld. Also: Ruhende elektrische Ladungen erzeugen ein elektrisches Feld, bewegte ein Magnetfeld. Physiker sprechen deshalb von der elektromagnetischen Kraft. Im Universum spielen elektromagnetische Kräfte nur eine geringe Rolle, weil die Himmelskörper nicht elektrisch geladen sind.

Zudem gibt es die Schwache und die Starke Kraft. Sie wirken nur innerhalb der Atomkerne und haben somit ebenfalls keinen Einfluss auf das große kosmische Geschehen. Dort herrscht die Schwerkraft. Jede Art von Materie übt sie aus, und sie wirkt stets anziehend. Eine abstoßende Schwerkraft („Antigravitation“) gibt es nach derzeitigem Wissen nicht. Die Schwerkraft hält alles zusammen. Sie sorgt dafür, dass wir fest auf dem Erdboden stehen, ein Apfel vom Baum zur Erde fällt, dass der Mond auf seiner Bahn an die Erde gebunden bleibt und dass die Planeten die Sonne umkreisen. Auf ihren Bahnen halten sich Schwerkraft und Zentrifugalkraft genau die Waage.

2. Kann die Venus Spiegeleier braten? Eine Reise durch das Sonnensystem

Raumfahrzeuge haben mittlerweile alle Planeten besucht, sind zu Asteroiden, Kometen und Monden geflogen und haben sie fotografiert oder sind sogar darauf gelandet. Menschen haben bislang nur einen winzig kleinen Schritt ins Sonnensystem unternommen. Im Jahre 1969 betraten die amerikanischen Astronauten von Apollo 11 Neil Armstrong und Buzz Aldrin als erste Menschen einen fremden Himmelskörper: den Erdmond. Als Nächstes sollen Astronauten zum Mars fliegen, doch das wird wohl nicht vor 2037 möglich sein.

Bevor wir uns auf eine gedankliche Reise durch das Sonnensystem begeben, wollen wir uns dessen Ausmaße veranschaulichen. In dem Infokasten „Astronomische Einheit und Lichtjahr" haben wir dies bereits für einige kosmische Distanzen anhand der Lichtgeschwindigkeit getan. Versuchen wir es jetzt einmal mit den uns bekannten technischen Möglichkeiten.

Ein modernes Passagierflugzeug legt in einer Stunde rund tausend Kilometer zurück. Von Frankfurt nach New York benötigt es etwa acht Stunden. Könnten wir mit ihm die Erde verlassen, was in Wirklichkeit nicht möglich ist, so bräuchten wir bis zum Mond etwa 17 Tage. Bis zu den Planeten wären wir viele Jahre unterwegs, wie die Tabelle zeigt:

Reisen mit dem Flugzeug

Innere Planeten und Sonne		Äußere Planeten	
Venus	5 Jahre	Mars	9 Jahre
Merkur	11 Jahre	Jupiter	72 Jahre
Sonne	17 Jahre	Saturn	145 Jahre
		Uranus	310 Jahre
		Neptun	500 Jahre

Raumsonden sind viel schneller. Sie erreichen beispielsweise den Mars innerhalb etwa eines halben Jahres. Aber diese Zahlen demonstrieren die gewaltigen Entfernungen im Vergleich zur Erde. Es gibt noch eine zweite Möglichkeit der Veranschaulichung: Wir schrumpfen das Sonnensystem.

Wir verkleinern die Erde auf einen Durchmesser von fünf Zentimetern, womit sie etwas größer als ein Tischtennisball wäre. Die Sonne hätte dann einen Durchmesser von 5,40 Metern, und die Planeten würden sich in folgenden Abständen von ihr aufreihen: Merkur: 223 Meter, Venus: 415 Meter, Erde: 580 Meter, Jupiter: 3 Kilometer, Saturn: 5,5 Kilometer, Uranus: 11 Kilometer und Neptun: 17,4 Kilometer. Diese Zahlen demonstrieren vor allem eines: Das Sonnensystem ist überwiegend leer. Der nächste Stern, Proxima Centauri, wäre in diesem Miniatur-Universum übrigens 150 000 Kilometer entfernt.

Diese Zahlen geben einen kleinen Eindruck von den mächtigen Dimensionen, die sich kein Mensch vorzustellen vermag. Starten wir nun zu einer Kreuzfahrt durch das Sonnensystem. Der erste Stopp ist das Zentrum, die Sonne.

Eigenschaften und Bahnen der Planeten, bezogen auf die Erde

	Die erdähnlichen Planeten				Die Gasplaneten			
	Merkur	Venus	Erde	Mars	Jupiter	Saturn	Uranus	Neptun
Äquat. Radius (Erde = 1)	0,38	0,95	6378 km	0,53	11,2	9,5	4,0	3,8
Masse (Erde = 1)	0,06	0,81	$6 \cdot 10^{24}$ kg	0,11	318,9	95,2	14,5	17,1
Volumen (Erde = 1)	0,06	0,85	10^{12} km^3	0,15	1404	857	63	55
Dichte (Erde = 1)	0,98	0,95	5,52 g/cm^3	0,71	0,24	0,13	0,23	0,30
Anzahl der Monde	0	0	1	2	67	59	27	13
Abstand zur Sonne (Erde = 1)	0,39	0,72	$1{,}5 \cdot 10^8$ km	1,52	5,20	9,54	19,19	30,06
Umlauf-dauer um die Sonne (Erde = 1)	0,241	0,615	1 Jahr	1,88	11,9	29,4	83,7	163,7
Tages-länge (Erde = 1)	175,9	116,8	1 Tag	1,03	0,414	0,444	0,718	0,671

Die Sonne – ein kosmischer Hochofen

Die Sonne ist unser Lebensspender. Ihr Licht erwärmt die Erde. Unser Tagesgestirn ist ein glühender Gasball, ein kosmisches Großkraftwerk, das noch fünfeinhalb Milliarden Jahre lang laufen wird. Wir haben keine Möglichkeit, ins Innere dieses heißen Körpers hineinzublicken. Dennoch wissen die

Astronomen recht gut über die Sonne Bescheid. Sie messen einige Eigenschaften, wie Helligkeit, Durchmesser, Temperatur und chemische Zusammensetzung, und rechnen daraus mit Hilfe bekannter physikalischer Gesetze den inneren Aufbau aus.

Die Sonne ist 333 000-mal schwerer als die Erde, sie vereint 99,9 Prozent der gesamten Materie des Sonnensystems auf sich. Anders gesagt: Alle Planeten und sonstigen festen Körper tragen nur ein Tausendstel zur Gesamtmasse des Sonnensystems bei. Verkleinert man in Gedanken die Masse der Sonne auf die eines mit zehn Liter Wasser gefüllten Eimers, so würden alle Planeten einen Eierbecher gerade einmal halb füllen.

Die Sonne ist ein gewaltiger Gasball, der überwiegend aus den beiden leichtesten Elementen Wasserstoff und Helium besteht. Sie besitzt keine feste Oberfläche, man bezeichnet aber die äußere Schicht, aus der sie das sichtbare Licht abstrahlt, als Photosphäre. Diese Region besitzt eine Temperatur von 5500 Grad Celsius. Darüber dehnen sich die Chromosphäre und Korona aus. Sie bilden eine Art Sonnenatmosphäre.

Mit zunehmender Tiefe nehmen Druck und Temperatur zu. Im Zentralgebiet herrscht bei einer Temperatur von über 15 Millionen Grad ein Druck von mehr als 200 Milliarden Atmosphären. Dies sind die Bedingungen, unter denen das kosmische Großkraftwerk arbeitet. Es verschmilzt schrittweise jeweils vier Wasserstoffatomkerne zu einem Heliumkern. Hierbei wird Energie in Form von Strahlung frei. In jeder Sekunde setzt die Sonne auf diese Weise 600 Millionen Tonnen Wasserstoff in Helium um. Die in dieser Zeitspanne produzierte Energie würde ausreichen, um eine Million Jahre lang den gesamten heutigen Energiebedarf der Menschheit zu decken.

Die „Energiekrise" der Sonne

Wissenschaftler und Philosophen machen sich seit mehr als zwei Jahrtausenden Gedanken darüber, was die Sonne zum Leuchten bringt. So glaubte der griechische Philosoph Demokrit um 400 vor Christus, die Sonne sei ein glühender Metall- oder Felsklumpen. Bis zum 19. Jahrhundert dachte man an Verbrennungsprozesse, wobei bald klar wurde, dass diese zu schnell erlöschen würden. Mit der Verbrennung von Wasserstoff und Sauerstoff zu Wasser (bekannt als Knallgasprobe) könnte die Sonne lediglich 3000 Jahre lang strahlen. Einige Wissenschaftler vermuteten deshalb, dass einstürzende Meteoriten die Sonne erhitzen. Denkbar erschien es auch, dass sich unser Tagesgestirn langsam zusammenzieht und sich erhitzt wie Luft in einer Pumpe. Auf diese Weise könnte die Sonne immerhin 22 Millionen Jahre lang leuchten. Erst als um 1900 klar wurde, dass die Materie aus Atomen aufgebaut ist, kam man der richtigen Lösung auf die Spur.

Heute ist bekannt, dass im Kernbereich der Sonne Atomkerne häufig zusammenstoßen. Ist ihre Geschwindigkeit groß genug, um die elektrische Abstoßungskraft der positiv geladenen Atomkerne zu überwinden, dann können diese miteinander verschmelzen. Hierbei lagern sich in mehreren Schritten Wasserstoffkerne (Protonen) zu Helium zusammen. Insgesamt wird bei dieser Reaktionskette Energie in Form von Strahlung frei. Genauer gesagt wird Materie in Energie (Strahlung) umgewandelt. Ein Heliumkern ist nämlich um 0,7 Prozent leichter als die Summe seiner Bausteine. Die Energie errechnet sich nach der berühmten Einsteinschen Formel $E = mc^2$. Hierin stehen das E für die Energiemenge und das m für die Masse, aus der die Energie entsteht. Der

Faktor, mit dem die Umwandlung von Materie in Energie berechnet wird, ist die Lichtgeschwindigkeit *c* zum Quadrat.

Wegen der hohen Dichte des Sonnengases können Lichtteilchen, die im Kerngebiet entstehen, nicht ungehindert an die Oberfläche gelangen. Sie werden unablässig an den Atomen und Elektronen in zufällige Richtungen gestreut. Im Durchschnitt benötigt deshalb ein Lichtteilchen etwa eine Million Jahre, um aus dem Zentralgebiet an die Oberfläche zu gelangen. Schon acht Minuten später kann es die Erde erreichen.

Daten der Sonne

Äquat. Radius	696 350 km	109-mal Erde
Masse	$2 \cdot 10^{30}$ kg	333 000-mal Erde
Mittlere Dichte	1,4 g/cm	¼ der Erde
Oberflächen-temperatur	5510 Grad Celsius	
Rotation um eigene Achse	an der Oberfläche 25 (Äquator) bis 35 Tage (Polbereich)	

Im Innern erzeugt die Sonne ein starkes Magnetfeld. Nach heutigem Wissen geschieht dies 200 000 Kilometer unter der Oberfläche. Verantwortlich hierfür ist das heiße Gas, das sich im Innern bewegt. Bei Temperaturen von mehreren Millionen Grad schwirren die Atome nämlich sehr schnell umher und stoßen ständig zusammen. Dabei verlieren sie ihre Elektronen, die den Atomkern umgeben. Elektrisch neutrale Atome zerfallen also in elektrisch negativ geladene Elektronen und positiv geladene Atomkerne (vor allem Protonen). Wenn sich elektrische Ladungen bewegen, erzeugen sie um sich herum ein Magnetfeld, wie in dem Kasten „Kräfte im Universum" (S. 14f.) beschrieben.

Auf der Sonnenoberfläche ist das Magnetfeld etwa doppelt so stark wie auf der Erde. Aber in den dunklen Sonnenflecken ist es einige tausendmal stärker, wie Astronomen schon vor hundert Jahren mit Teleskopen festgestellt haben. Was haben die Flecken mit dem Magnetfeld zu tun? Schauen wir ins Innere des heißen Gasballs hinein.

Dort sind die Magnetfeldlinien an das strömende Gas gebunden und werden von ihm kräftig gedehnt und verdreht, ähnlich wie Gummibänder in Honig, den man rührt. Hierbei bilden sich dicke Bündel von Magnetfeldlinien, die wie lange Zöpfe verdrillt sind. Diese Magnetschläuche verdrängen das Gas, sodass in seinem Innern die Dichte geringer ist als in der Umgebung. Und nun tritt ein Naturgesetz in Kraft, das schon Archimedes entdeckt hat: der Auftrieb. Der Magnetschlauch treibt nach oben, bis er aus der Oberfläche austritt und eine Schlaufe bildet. An den beiden Durchstoßpunkten entstehen die bekannten Sonnenflecken. Sie erscheinen uns dunkel, weil in ihrem Zentralbereich, der Umbra, die Temperatur rund 1800 Grad Celsius niedriger ist als in der umgebenden Photosphäre. Diese Vorstellung erklärt auch, warum die Flecken meist paarweise auftreten und jeweils einen magnetischen Nord- und Südpol bilden: Sie sind die (unterschiedlich gepolten) Fußpunkte eines Feldlinienbündels.

Magnetfelder sind auch die Ursache für eine gewaltige Aktivität unserer Sonne. Immer wieder ereignen sich Explosionen, riesige Gasbögen, Protuberanzen genannt, spannen sich über die Oberfläche, und Teilchenstürme werden ins All geschleudert.

Mit speziellen Sonnenteleskopen kann man Strahlungsausbrüche beobachten, die sich innerhalb von Minuten bis Stunden auf der Sonne wie ein Flächenbrand ausbreiten. Sie treten vor allem in der nahen Umgebung von Sonnenflecken auf. Schon dies deutet auf die Wirkung von Magnetfeldern hin. Mit modernen Weltraumteleskopen konnten Wissenschaftler verfolgen, was bei einem solchen Ausbruch passiert.

Die Bereiche, in denen die Magnetfeldbögen der Sonnenflecken aus der Oberfläche austreten, sind nicht fest verankert. Sie bewegen sich mit den heißen Gasmassen, die aus dem Innern aufwallen. Die Magnetfelder springen hin und her und führen geradezu einen Tanz auf. Dabei verheddern und verdrillen sie sich wie Gummibänder. Irgendwann wird die Spannung so groß, dass die Feldlinien reißen und sich neu verbinden. Bei diesem magnetischen Kurzschluss verschwindet ein Teil des Magnetfeldes, und die darin gespeicherte Energie wird schlagartig frei. So entsteht ein Strahlungsausbruch.

Gleichzeitig erhebt sich ein Teil der bogenförmigen Magnetfelder in große Höhen. In ihnen leuchtet heißes Gas, sodass man den Eindruck bekommt, es steige ein riesiger durchscheinender Heißluftballon von der Sonnenoberfläche auf. Diese Bögen sind die berühmten Protuberanzen, die man bisweilen am Sonnenrand beobachten kann. Sie können bis zu mehrere Monate lang stabil bleiben.

Ist ein Ausbruch besonders stark, dann bricht die magnetische Blase oben auf, und ein Teilchenstrom, der bis zu zehn Milliarden Tonnen schwer sein kann, schießt aus ihr mit enormer Geschwindigkeit ins All. Innerhalb weniger Tage kann er die Erde erreichen und deren Magnetfeld kräftig durchschütteln. Als Folge können herrliche Polarlichter am Himmel auftreten. Ein starker Teilchenorkan kann aber sogar dazu führen, dass der Funkkontakt zwischen Flugzeugen und Schiffen gestört wird oder die Stromversorgung in ganzen Landesteilen ausfällt. Außerdem ist es möglich, dass Satelliten in der Erdumlaufbahn beschädigt oder zerstört werden.

Neben diesen Teilchenorkanen weht ständig eine laue Brise von der Sonne ins Weltall ab, sodass sie laufend an Masse verliert. Sie wird immer leichter. An jedem Tag sind es fünfzig Milliarden Tonnen Wasserstoff und Helium, was etwa dem Gewicht der in der Ostsee vorhandenen Wassermenge entspricht. Das hört sich viel an, ist jedoch, gemessen an der Schwere der Sonne, wenig. Wenn sie in den vergangenen 4,6 Milliarden Jahren mit dieser Rate abgenommen hat, so hat sie seit ihrer Geburt eine Masse von 15 Erdkugeln verloren. Das ist nicht mehr als ein Zwanzigtausendstel der Sonnenmasse. Übertragen auf einen 75 Kilogramm schweren Menschen entspräche dies einer Gewichtsabnahme von etwas mehr als drei Gramm. Eine erfolgreiche Diät sieht anders aus. Zum Glück für uns Menschen und die Erde.

Das Magnetfeld ist für ein weiteres Phänomen verantwortlich, das die Forscher jahrzehntelang verwirrt hat. Wenn bei einer totalen Sonnenfinsternis der Mond vor die Sonne tritt, wird plötzlich ein heller Strahlenkranz sichtbar, die Korona. Ende der 1930er Jahre stellte sich heraus, dass diese Sonnenatmosphäre aus einem dünn verteilten Gas besteht, das mehrere Millionen Grad heißt ist. Das schien unmöglich zu sein. Wie sollte die 5500 Grad Celsius heiße Sonnenoberfläche die darüber befindliche Korona auf solch enorme Temperaturen heizen? Physikalisch gleicht das dem Versuch, auf einer 50 Grad heißen Herdplatte Wasser zum Kochen bringen zu wollen. Und doch ist es auf der Sonne so.

Heute sind die Forscher davon überzeugt, dass die magnetischen Kurzschlüsse, die die Sonneneruptionen erzeugen, auch die Korona aufheizen. Wie dies genau geschieht, wird zur Zeit intensiv erforscht.

Verschlingt die Sonne irgendwann die Erde?

Diese Aktivitäten der Sonne erkennt man nur, wenn man deren ultraviolette oder Röntgenstrahlung beobachtet. Mit bloßem Auge betrachtet erscheint unser Tagesgestirn sehr ruhig.

Das wird auch noch eine Weile so bleiben. Doch irgendwann geht ihr der Brennstoff aus. Was dann passiert, haben Wissenschaftler mit Computern berechnet.

Zunächst wird die Sonne in Zukunft langsam, aber stetig heller werden. In 1,4 Milliarden Jahren wird sie um vierzig Prozent leuchtkräftiger sein als heute. Spätestens dann steigen die Temperaturen auf der Erde so weit an, dass die Ozeane verdampfen. In sechs Milliarden Jahren wird die Sonne ihr Brennmaterial, den Wasserstoff, im Zentrum aufgebraucht haben. Dann bläht sie sich zu einem Roten Riesen auf, dessen Durchmesser 250-mal größer ist als die heutige Sonne. Der sich ausdehnende heiße Gasball verschlingt dabei Merkur und Venus. Schließlich erreicht die Sonne einen Radius von 1,2 AE, dehnt sich also über die Erdbahn hinaus aus. Deswegen dachten die Astronomen lange Zeit, auch die Erde würde in der Sonne versinken. Doch vermutlich entkommt unser Planet diesem Schicksal.

In der Phase als Roter Riese wird nämlich der Teilchenwind viel stärker, als er heute ist. Vermutlich wird die Sonne deshalb innerhalb von 300 Millionen Jahren fast die Hälfte ihrer Masse verlieren. Dadurch verringert sich auch ihre Schwerkraft. Die Bindung der Erde wird schwächer, sodass sich unser Planet auf einer Spiralbahn langsam von ihrem Tagesgestirn entfernt. Letztlich wird die Erde etwa fünfzig Millionen Kilometer über der Oberfläche des Roten Riesen ihre Bahn ziehen. Gäbe es dann auf unserem Planeten noch Lebewesen, so böte sich denen ein gespenstischer Anblick: Die Rote-Riesen-Sonne würde am Himmel einen Durchmesser von vierzig Grad einnehmen. Das entspricht der Größe eines Fußballs, den man aus nur dreißig Zentimeter Entfernung betrachtet. Alles Gestein auf der Erde wäre dann geschmolzen.

Diese höllische Zukunft unseres Planeten ist in weiter Ferne, vermutlich wird sie nie ein Mensch erleben. Starten wir nun durch zum sonnennächsten Planeten Merkur.

Merkur – der Sonnenanbeter

Merkur steht der Sonne so nahe und ist mit einem Durchmesser von 4878 Kilometern so klein, dass er von der Erde aus kaum beobachtbar ist. Am Himmel entfernt er sich bis auf maximal 28 Grad von unserem Tagesgestirn und ist deshalb nur unter günstigen Bedingungen in der Morgen- oder Abenddämmerung nahe am Horizont erkennbar. Der berühmte Astronom Nikolaus Kopernikus hat Merkur angeblich nie gesehen.

Der nach dem geflügelten Götterboten benannte Planet badet im Sonnenlicht. Bis zu zehnmal intensiver ist dort die Strahlung unseres Tagesgestirns, sodass die Temperatur an der Oberfläche bis auf 470 Grad Celsius steigt. Blei schmilzt schon bei 327 Grad. Ein Großteil unseres Wissens stammt von der Raumsonde Mariner 10, die in den Jahren 1974 und 1975 insgesamt dreimal an Merkur vorbeiflog. Es gibt noch eine andere, trickreiche Methode der Planetenforschung: Radarbeobachtungen. Mit einem großen Radioteleskop werden starke Radarstrahlen auf den Planeten gerichtet, von dessen Oberfläche reflektiert und von dem Radioteleskop wieder empfangen. Auf diese Weise kann man die Oberfläche „abtasten". Zwischen dem Aussenden des Signals und dem Empfang des Echos vergehen beim Merkur etwa zehn Minuten. Aus dieser Laufzeit lassen sich heutzutage die Entfernungen zu allen Planeten mit festen Oberflächen, Monden und Asteroiden bis auf den Meter genau messen. Außerdem haben diese Beobachtungen bei Merkur eine Reihe rätselhafter Entdeckungen zu Tage gefördert.

Die Tage auf dem Merkur sind nicht nur heiß, sondern auch lang. Der innerste Planet benötigt für eine Umdrehung um seine Achse 58,6 Tage. Bei einer Umlaufdauer um die Sonne von 88 Tagen bedeutet dies: Merkur dreht sich innerhalb zweier Sonnenumläufe genau dreimal um seine Achse. Diese Werte beziehen sich auf einen relativ zu Merkur ruhenden Beobachter. Die Astronomen sagen: bezüglich der Sterne. Lebte man aber auf dem Planeten, so ergäbe sich ein verblüffender Eindruck: Ein Merkur-Tag dauert dort nämlich zwei Merkur-Jahre.

Die Oberfläche ist ähnlich mit Einschlagskratern übersät wie die des Mondes. Ungewöhnlich sind bis zu 500 Kilometer lange und bis zu drei Kilometer hohe Bergrücken, die sich schlangenförmig durch Krater und Ebenen winden. Sie entstanden wahrscheinlich, als der junge, heiße Merkur sich abkühlte und zusammenzog. Dabei schrumpfte auch die Oberfläche und schlug Falten, ähnlich wie bei einem schrumpeligen Apfel.

Im Zentralbereich vermuten Forscher einen gewaltigen Eisenkern, der sich über drei Viertel des Durchmessers erstreckt und damit etwa so groß ist wie der Erdmond. Warum ausgerechnet Merkur einen solch großen metallischen Kern besitzt, ist nicht geklärt. Nach einer Hypothese wurde Merkur in seiner Jugend von einem anderen großen Körper getroffen. Dabei wurde ein Teil seiner Gesteinskruste ins All geschleudert, sodass der Eisenkern heute im Vergleich zur Kruste viel zu groß wirkt.

Die rätselhafteste Entdeckung von Mariner 10 war ein Magnetfeld. Es ähnelt dem der Erde, besitzt aber nur etwa ein Hundertstel von dessen Stärke. Wissenschaftler vermuteten damals, dass der Eisenkern nicht vollständig erkaltete, sondern teilweise noch flüssig ist. Ähnlich wie in der Sonne und der Erde erzeugt die im Innern strömende heiße Materie, die praktisch einen starken elektrischen Strom darstellt, um sich herum ein Magnetfeld. Doch erschien diese Hypothese unwahrscheinlich, denn eigentlich sollte der kleine Planet bereits vollständig ausgekühlt sein. Amerikanische Astronomen fanden dann mit Radarbeobachtungen heraus, dass Merkurs Umdrehungsgeschwindigkeit um die eigene Achse stärker schwankt, als man es von einer durchgehend festen Kugel erwartet. Die Forscher schließen daraus, dass der Eisenkern tatsächlich zum Teil geschmolzen ist – warum auch immer. Man kann sich diesen Effekt mit dem unterschiedlichen Verhalten von hart gekochten und rohen Eiern veranschaulichen. Das innen noch flüssige, rohe Ei dreht sich unregelmäßiger als das gekochte.

Eine äußerst verblüffende Entdeckung gelang 1992 mit Radarbeobachtungen. Amerikanische Astronomen empfingen von den Polen Radarechos, die von eisbedeckten Gebieten zu kommen schienen. Die Forscher vermuteten, dass es in den ewigen Schattenbereichen hoher Kraterränder Wassereis gibt, das einstürzende Kometen einst dort ablagerten. Ein skurriler Gedanke, angesichts der extrem hohen Temperaturen in den sonnenbeschienenen Gebieten. Allerdings ist hier Vorsicht angebracht. Mit demselben Radar hatten Forscher nämlich auch Anzeichen für Wasser auf dem Mond gefunden. Genauere Beobachtungen deuteten jedoch später auf eine Fehlinterpretation der Messdaten hin.

Ob es in einigen Kratern wirklich Wassereis gibt, wird man vielleicht mit zukünftigen Sonden herausfinden. Im August 2004 startete die NASA ihre Merkur-Sonde Messenger. Sie soll 2011 in eine Umlaufbahn um den Planeten einschwenken und ihn mit sieben Instrumenten untersuchen. Zwei Jahre später soll dann die europäisch-japanische Mission BepiColombo auf die Reise gehen. Sie besteht aus zwei Raumschiffen, die 2019 in unterschiedliche Umlaufbahnen einschwenken und Merkur mindestens ein Jahr lang eingehend untersuchen sollen.

Venus – die Verhüllte

In seiner Erzählung „Der lange Regen“ schildert der Science-Fiction-Autor Ray Bradbury eindrucksvoll eine tropische, unter unablässigem Regen üppig gedeihende Vegetation auf der Venus. Dies entsprach Vorstellungen, die auch manche

Wissenschaftler im 19. Jahrhundert vom Klima auf unserem Nach-barplaneten hatten. Die Venus-Sonden der Neuzeit lieferten indes ein völlig anderes Bild, auf dem die Venus eher wie der Vorhof zur Hölle erscheint: Am Grund einer dichten, mit Schwefelsäurewolken verhangenen Atmosphäre aus giftigem Kohlendioxid herrschen Temperaturen um 460 Grad Celsius und ein Druck von etwa 92 Atmosphären. Das entspricht auf der Erde dem Druck in mehr als 900 Metern Wassertiefe. Unter solchen Verhältnissen schmelzen sogar manche Metalle. Und Spiegeleier ließen sich in kürzester Zeit auf den glühend heißen Steinen braten. Auf Merkur übrigens genauso.

Die Venus, benannt nach der schönen Göttin der Liebe, erscheint uns, abhängig von ihrer Position relativ zur Sonne, als Morgen- oder Abendstern. Dann ist sie das hellste Gestirn am Himmel. Der Grund dafür ist, dass sie verhältnismäßig nahe an der Sonne steht und ihre dichte Wolkendecke drei Viertel des einfallenden Sonnenlichts in den Weltraum zurückwirft.

Die Venus wird manchmal auch als Zwillingsplanet der Erde bezeichnet. Die Ähnlichkeiten erschöpfen sich jedoch in wenigen Merkmalen: Ihr innerer Aufbau ähnelt dem unseres

Planeten, und mit einem Durchmesser von 12 100 Kilometern ist die Venus nur unwesentlich kleiner als die Erde. Allerdings fehlt der Venus das Magnetfeld. Dies war zunächst überraschend, weil die Forscher relativ sicher waren, dass auch unser Schwesterplanet einen teilweise flüssigen Eisenkern besitzt, der sich im Innern dreht. Wahrscheinlich rotiert die Venus aber zu langsam, um ein Magnetfeld erzeugen zu können: Für eine Umdrehung benötigt sie nämlich 243 Erdtage. Erstaunlicherweise ist der Drehsinn dem Umlaufsinn um die Sonne entgegengesetzt. Dies hat zur Folge, dass für einen Venusianer ein Venus-Tag etwa ein halbes Venus-Jahr dauert.

Seit 1961 sind 24 Raumsonden zur Venus geflogen. Spektakulär waren die Landungen mehrerer sowjetischer Venera-Sonden, die Messdaten aus der Atmosphäre und für kurze Zeit auch Aufnahmen von der Oberfläche zur Erde funkten. Sie zeigten eine öde Wüstenlandschaft mit flachen Steinen, die Wind und Wetter im Laufe von Jahrmillionen abgeschliffen haben. Dennoch ist das Wissen über unseren Nachbarplaneten immer noch sehr begrenzt, weil eine dichte Atmosphäre den Blick auf die Oberfläche verwehrt. Anders als die irdische besteht sie fast ausschließlich aus dem Treibhausgas Kohlendioxid, Wasserdampf enthält sie so gut wie keinen.

Lange haben die Forscher gerätselt, warum sich Venus und Erde so unterschiedlich entwickelt haben. Heute gehen sie davon aus, dass die beiden Planeten nach ihrer Entstehung mit etwa derselben Gasmischung starteten. Möglicherweise gab es auf der Venus-Oberfläche anfänglich sogar einen Wasserozean. Weil die Venus der Sonne aber näher steht als die Erde, wurde es auf ihr sehr heiß. Deshalb stiegen die Wassermoleküle in höhere Atmosphärenschichten auf, ohne – wie es auf der Erde passiert – zu Wolken zu kondensieren. In einer Höhe von etwa hundert Kilometern spaltete das UV-Licht der Sonne die Wassermoleküle (H_2O). Die leichten Atome des Wasserstoffs (H) entwichen in den Weltraum, während die des Sauerstoffs (O) zur Oberfläche zurückgelangten. Dort wurden sie im Gestein chemisch gebunden. So trocknete die Venus aus – zurück blieb ein glühend heißer Wüstenplanet.

Eine Fülle neuer Ergebnisse lieferte die 1989 gestartete amerikanische Sonde Magellan. Vier Jahre lang umkreiste sie unseren Nachbarplaneten und spähte mit einem Radargerät durch die dichte Wolkendecke hindurch. Das Ergebnis war die bislang genaueste Karte von der gesamten Oberfläche. Auffällig war, dass neben Meteoritenkratern Vulkane das Antlitz der Venus stark geprägt haben. Maat Mons ist mit acht Kilometern der höchste Vulkan auf dem Planeten. Außerdem finden sich Krater mit einzigartigen Formen und andere ungewöhnliche Formationen, wie Coronae (Kronen) und Arachnoide (Spinnen). Das sind kreisförmige, in die Oberfläche eingesunkene Becken. Die größte Corona, Artemis Chasma, misst 2200 Kilometer im Durchmesser. Das entspricht der Entfernung von Frankfurt nach Südspanien. Diese Gebilde haben sich möglicherweise über aufgestiegenen Magmablasen gebildet. Denkbar ist auch, dass es sich um eingebrochene Vulkankegel handelt. Zu den ungewöhnlichsten Formationen gehören die Pancakes, zu deutsch Pfannkuchen – runde Gebilde mit bis zu 35 Kilometern Durchmesser und einem Kilometer Höhe. Sie besitzen steile Flanken und haben sich vermutlich über mächtigen Lavaströmen aufgewölbt.

Bei der Auswertung der Radarkarten machten die Wissenschaftler eine überraschende Entdeckung: Offenbar fand auf der Venus vor etwa 700 Millionen Jahren eine außergewöhnlich starke vulkanische Aktivitätsphase statt. Dünnflüssige Lava überflutete damals den gesamten Planeten und verdeckte sämtliche Krater sowie viele andere Oberflächenformationen. Anzeichen aus der Zeit davor gibt es kaum noch. Was diese globale Katastrophe auslöste, ist unklar. Auch weiß man nicht, ob noch heute Vulkane auf der Venus aktiv sind. Magellan fand keine. Plattentektonik, die auf der Erde Ursache für die meisten Vulkane ist, gibt es auf unserem Schwesterplaneten nicht.

Fest steht, dass auf der Venus keine tropische Vegetation herrscht, wie es sich Ray Bradbury erträumt hat. Der Planet ist extrem lebensfeindlich. Der einzige Ort im gesamten Sonnensystem, an dem wir Menschen ohne technische Hilfsmittel leben können, ist die Erde. Keinen anderen Planeten kennen die Wissenschaftler so gut wie ihn.

Die Erde – unsere Heimat im Kosmos

Schon beim Anflug nehmen wir die Erde als blauen Planeten wahr. Dieser Eindruck entsteht vor allem deshalb, weil fast drei Viertel der Oberfläche mit Wasser bedeckt sind. Außerdem streut die Atmosphäre den blauen Anteil des Sonnenlichts besonders stark, weswegen uns der wolkenfreie Himmel auch von der Erdoberfläche aus blau erscheint.

Unser Planet dreht sich in 23 Stunden 56 Minuten 4 Sekunden einmal um seine Achse und benötigt für einen Umlauf um die Sonne 365 und ein Viertel Tage. Diese Zeitspannen legen einen Tag beziehungsweise ein Jahr fest. Da ein Kalenderjahr 365 Tage dauert und damit um einen Vierteltag kürzer ist als ein Erdumlauf, muss in unserem Kalender alle vier Jahre ein Schalttag eingeschoben werden. Kleine Schwankungen in der Erdrotation führen zum Einführen von Schaltsekunden.

Wetter, Klima und Eiszeiten

Dass die Erde für Leben wie wir es kennen überhaupt geeignet ist, liegt vor allem an den milden Temperaturen. Die globale Durchschnittstemperatur beträgt 15 Grad Celsius, sodass es im größten Teil der Erde unser Lebenselixier gibt: flüssiges Wasser. Das angenehme Klima verdanken wir dem Treibhauseffekt, den vor allem Wasserdampf, Kohlendioxid und Methan in der Atmosphäre ausüben. Sie lassen die Sonnenstrahlung durch, welche das Land und die Meere erwärmt. Diese geben nun ihrerseits Infrarotstrahlung (manchmal auch Wärmestrahlung genannt) ab. Infrarotstrahlung besitzt eine größere Wellenlänge als das sichtbare Sonnenlicht und wird von den Treibhausgasen verschluckt. Die Wärmestrahlung bleibt also in der Atmosphäre stecken und erwärmt sie. Ohne diesen natürlichen Treibhauseffekt läge die globale Durchschnittstemperatur bei minus 15 Grad Celsius, und die gesamte Erde wäre eine Eiskugel. In derselben Weise sorgt der Treibhauseffekt in richtigen Treib- und Gewächshäusern für hohe Temperaturen. In diesem Fall halten die Glasdächer die Infrarotstrahlung zurück.

Seit einigen Jahrzehnten pumpt der Mensch mit seiner Industrie, seinen Heizungen und Autos zusätzliches Kohlendioxid in die Atmosphäre, sodass sich der natürliche Treibhauseffekt verstärkt. Dies führt zu einer langsamen globalen Erwärmung und damit zu einer Klimaänderung. Derzeit bemühen sich Politiker weltweit in Klimaabkommen, diese gefährliche Entwicklung zu stoppen.

Neben dem Klima, das sich langfristig über Jahrzehnte, Jahrhunderte und Jahrtausende hinweg verändert, zeichnet unseren Planeten aber auch ein im jährlichen Turnus wiederkehrender Wechsel der Jahreszeiten aus. Manche Menschen glauben, dies habe etwas mit der Entfernung der Erde zur Sonne zu tun. Tatsächlich läuft unser Planet auf einer elliptischen Bahn, auf der ihr Sonnenabstand zwischen 147 und 152 Millionen Kilometern schwankt. Die Erde erreicht aber stets Anfang Januar den sonnennächsten und im Juli den sonnenfernsten Punkt. Allein dies zeigt schon, dass der veränderliche Sonnenabstand nicht Ursache der Jahreszeiten sein kann. Die Entfernungsschwankung ist viel zu gering, um die Intensität der Sonnenstrahlung auf der Erde wesentlich zu verändern.

Ursache für die Jahreszeiten ist der Schiefstand der Umdrehungsachse der Erde. Stünde die Erdachse genau senkrecht auf der Bahnebene, so gäbe es keine Jahreszeiten. In Wirklichkeit ist sie aber um 23,5 Grad geneigt. Im Sommer ist die Rotationsachse mit ihrem nördlichen Pol der Sonne zugewandt, das heißt, die Sonnenstrahlen fallen auf der Nordhalbkugel in relativ steilem Winkel auf die Erdoberfläche. Dies bewirkt eine stärkere Erwärmung. Im Winter ist der Nordpol von der Sonne weggeneigt. Die Sonnenstrahlen fallen in flachem Winkel auf den Boden und erwärmen die Nordhalbkugel weniger. Wir können den Unterschied beim Einfallswinkel der Sonnenstrahlen daran erkennen, dass die Sonne im Sommer wesentlich höher über den Horizont steigt als im Winter. Auf der Südhalbkugel sind die Verhältnisse genau entgegengesetzt. Dort ist in unserem Winter Sommer und umgekehrt.

Am Frühlings- und Herbstanfang steht die Sonne senkrecht über dem Äquator, und Nord- und Südhalbkugel werden gleich beleuchtet. An diesen beiden Tagen, dem 21. März und dem 23. September, sind überall auf der Erde der Tag und die Nacht gleich lang.

Auch ohne den Einfluss des Menschen hat das Klima in der Vergangenheit immer wieder erhebliche Schwankungen durchgemacht. Vor allem gab es häufig Wechsel zwischen Warm- und Kaltzeiten. Deren Ursache war lange Zeit unklar, bis in den 1920er Jahren der jugoslawische Astronom Milutin Milanković herausfand, dass die letzten großen Eiszeiten in nahezu regelmäßigen Abständen von 23 000, 41 000 und 100 000 Jahren stattgefunden haben. Er erklärte dies damit, dass die Erdbahn und die Neigung der Rotationsachse sich langsam verändert haben. Ursache hierfür sind die Schwerkräfte der anderen Planeten. Nach Milankovićs Theorie, die heute als gesichert gilt, beruhen die beiden kürzeren Perioden auf einer leichten Schwankung in der Neigung der Rotationsachse. Die langfristige Änderung ist darauf zurückzuführen, dass die Elliptizität der Erdbahn sich langsam periodisch ändert. Die Ellipse wird abwechselnd schmaler und dann wieder kreisförmiger.

Reise zum Mittelpunkt der Erde

Nicht nur die Atmosphäre und die mit ihr verbundenen Wetter- und Klimaphänomene sind für uns Menschen von großer Bedeutung, sondern auch das Innere der Erde. Auf direktem Wege lässt es sich kaum erkunden. Die tiefste bislang durchgeführte Bohrung erfolgte in der Nähe von Murmansk und erreichte eine Tiefe von fast 13 Kilometern. Damit haben wir den Erdball mit einem Radius von 6378 Kilometern gerade einmal angeritzt.

Der innere Aufbau der Erde lässt sich aber aus der Analyse von Erdbebenwellen ermitteln. Sie durchqueren das Innere und werden dabei an unterschiedlichen Gesteinsschichten abgelenkt. Nach den Erkenntnissen der Seismologen besitzt unser Planet einen schalenartigen Aufbau, vergleichbar mit dem einer Zwiebel. Im Zentrum befindet sich ein fester Kern mit einem Radius von 1400 Kilometern, der aus Eisen und Nickel besteht. Diese Kugel schwimmt in einer Schale aus flüssigem Eisen. Man nennt diese rund 2000 Kilometer mächtige Schicht den äußeren Kern. Hier entsteht das Magnetfeld. Oberhalb des Eisenozeans liegt eine 2900 Kilometer dicke Schicht, die hauptsächlich aus Magnesium- und Eisensilikaten besteht: der Erdmantel. Den Abschluss bildet die nur etwa vierzig Kilometer dicke Gesteinskruste. Diese Schichtung des Erdinnern fand bereits während der Entstehung statt, als die Erde noch flüssig war. Damals sanken die schweren Metalle zum Zentrum ab, während das leichtere, geschmolzene Gestein oben schwamm.

Temperatur und Druck steigen zum Erdmittelpunkt hin an. Im Zentrum herrschen Temperaturen von 4500 bis 6500 Grad Celsius und ein Druck von fast vier Millionen Atmosphären. Wegen dieses enorm hohen Drucks ist der Erdkern fest und nicht flüssig. Durch die Oberfläche fließt eine Wärmeleistung von insgesamt 32 000 Milliarden Watt. Das entspricht der Leistung von mehreren zehntausend Kraftwerken. Rund die Hälfte der Erdwärme entsteht beim Zerfall radioaktiver Elemente, die andere Hälfte ist noch Restwärme aus der Entstehungsphase der Erde. In einigen Gebieten der Erde lässt sich die Erdwärme zum Heizen von Städten oder auch zur Erzeugung von Strom nutzen.

Kontinente auf Wanderschaft

Einzigartig im Sonnensystem ist die Verschiebung der Kontinente auf der Erde. Geologen nennen dieses Phänomen Plattentektonik. Wie wir gleich sehen werden, ist sie auch für unser Leben entscheidend.

Die Erdkruste ist wie ein Puzzle zusammengesetzt. Die Einzelteile liegen jedoch nicht fest nebeneinander, sondern „schwimmen" auf einer darunter befindlichen elastischen Schale, der Astenosphäre. Sie beginnt fünfzig bis hundert Kilometer unter der Oberfläche. Die Puzzleteile sind große

Kontinentalplatten, die sich langsam gegeneinander verschieben. Wo sie sich voneinander entfernen, öffnen sich lange Spalten, aus denen heißes Krustenmaterial aufsteigt und die Kontinente pro Jahr um bis zu zehn Zentimeter auseinanderdrückt. Eine dieser Spalten ist der mittelatlantische Rücken. An anderen Stellen schiebt sich eine Platte unter eine bestehende Kontinentalplatte und taucht in tiefere Schichten ab. Diese Zonen sind erdbebengefährdet und von aktiven Vulkanen gesäumt.

Der deutsche Forscher Alfred Wegener trug 1912 die Hypothese der Kontinentalverschiebung vor. Ein offenkundiger Hinweis darauf war, dass die Ostküste Südamerikas und die Westküste Afrikas ineinander zu passen schienen. Doch als Wegener seine Theorie vortrug, lachten ihn die meisten Kollegen aus. Sie mochten nicht glauben, dass sich die scheinbar fest sitzenden Kontinente bewegen können. Inzwischen ist die Kontinentaldrift nachgewiesen und exakt vermessen. So entfernen sich Nordamerika und Europa in jedem Jahrzehnt um neun Zentimeter voneinander. Als Kolumbus Amerika entdeckte, lag der „neue Kontinent" also fünf Meter näher bei Europa als heute.

Die Geophysiker vermuten, dass es vor 250 Millionen Jahren nur einen Kontinent gab, den sie Pangäa nennen. Wie eine riesige Insel lag er in dem Ozean Panthalassa. Dann setzte die Kontinentalverschiebung ein und schuf das heutige Bild der Erdoberfläche. Diese Entwicklung wird sich in Zukunft fortsetzen und das Antlitz unseres Planeten verändern. Was genau passiert, lässt sich schwer vorhersagen. Es sieht aber ganz so aus, als würde sich in zwanzig Millionen Jahren die iberische Halbinsel (Spanien und Portugal) vom europäischen Festland ablösen, ebenso wie Ostafrika vom übrigen Kontinent abbricht. In fünfzig Millionen Jahren ist das Mittelmeer voraussichtlich verschwunden, Afrika hat an Europa angelegt, und Marseille ist ein Nachbarort von Algier. Es wird weitere großräumige Verschiebungen geben: Grönland wandert nach

Süden in die gemäßigten Breiten, Neuseeland landet in den Tropen und die Antarktis wird in Äquatornähe zu einer tropischen Insel.

Ein Zeichen für die aktive Kontinentaldrift sind Gebirge. Sie entstehen, wenn zwei Platten zusammenstoßen und sich die eine unter die andere schiebt. Der Himalaja beispielsweise markiert eine solche Knautschzone, in der die indoaustralische Platte jedes Jahr um sieben Zentimeter unter dem Tibet-Plateau verschwindet. Dadurch wächst dieses Gebirge jährlich um etwa fünf Millimeter. Auch die Alpen sind das Resultat einer solchen Kontinentalkollision. Ihre Entstehungsphase endete aber vor etwa dreißig Millionen Jahren.

Gäbe es die Plattentektonik und die von ihr verursachte Gebirgsbildung nicht, so wären längst alle Erhebungen auf der Erde durch Wind, Regen und andere Erosionsvorgänge abgeschliffen, und die gesamte Erde wäre von einem einzigen Ozean bedeckt. Uns Menschen gäbe es dann nicht.

Die Uhr im Gestein tickt

Das älteste bekannte Gestein auf der Erde ist 4,3 Milliarden Jahre alt. Das Sonnensystem entstand jedoch bereits vor 4,6 Milliarden Jahren. Nur Meteoriten und die ältesten Apollo-Proben des Mondes stammen noch aus den Urzeiten des Sonnensystems. Der Grund dafür ist, dass sich die Erde durch Vulkanismus, Erdverschiebungen, Verwitterung und andere Prozesse in einem geologischen Kreislauf ständig erneuert. Deswegen gibt es an keinem Ort der Erde mehr unverändertes Gestein aus der Entstehungsphase. Wie misst man das Alter eines Steins überhaupt?

Physiker verwenden hierfür eine Methode, die sich den radioaktiven Zerfall zunutze macht. Ein Isotop des Elements Kalium beispielsweise zerfällt mit einer Halbwertszeit von 1,3 Milliarden Jahren in Argon. Das heißt, von einem Gramm Kalium ist nach dieser Zeitspanne ein halbes Gramm in Argon zerfallen. Je älter ein Stein wird, desto mehr Argon sammelt sich in ihm an, während der Gehalt an Kalium abnimmt. Das Verhältnis von Kalium zu Argon verringert sich also ständig und läuft wie eine „radioaktive Uhr".

Diese beginnt erst dann zu ticken, wenn das Material erstarrt ist, weil erst dann das entstehende gasförmige Argon darin eingeschlossen bleibt. Schmilzt der Stein später noch einmal, so kann das Argon entweichen, und die Kalium-Argon-Uhr wird wieder auf null gestellt. Dies geschieht bei den Erdgesteinen, die durch unterschiedliche Vorgänge ständig wieder zerstört und umgeformt werden.

Wenn man also vier Milliarden Jahre altes Gestein gefunden hat, so bedeutet dies, dass es vor eben dieser Zeit zum letzten Mal erstarrt ist. Es ist somit der älteste Zeuge aus der Frühzeit der Erde. Solche Funde sind wichtig, um etwas darüber zu erfahren, wann unser Planet fest wurde und wann sich Bedingungen einstellten, unter denen Leben entstehen konnte. Neben der Kalium-Argon-Uhr gibt es noch weitere Uhren, die auf dem Zerfall anderer Isotope beruhen.

Die Entwicklung der Erde in einem Tag

Nachdem wir einige wichtige Eigenschaften der Erde kennengelernt haben, wollen wir einen Blick in die Geschichte unseres Planeten werfen. Wie im ersten Kapitel beschrieben, entstand er vor etwa 4,6 Milliarden Jahren aus einer Gas- und Staubwolke. Danach machte er eine komplizierte Entwicklung durch, während der auch das Leben und der Mensch entstanden sind. Wir wollen diese Geschichte einmal kurz Revue passieren lassen und verknappen sie in Gedanken auf die Dauer eines Tages. In diesem Zeitmaßstab entsprechen 53 000 Jahre einer Sekunde.

Nachts um null Uhr beginnt unsere Geschichte. Die Erde ist noch heiß, an der Oberfläche herrschen Temperaturen um 180 Grad Celsius. Deshalb gibt es kein flüssiges Wasser auf ihr. Die Uratmosphäre besteht überwiegend aus den häufigsten Elemente im Universum Wasserstoff und Helium. Hinzu kommen in geringen Mengen Methan und Ammoniak. Für uns Menschen und alle anderen Lebewesen eine tödliche Mixtur. Immer wieder schlagen Meteoriten auf der Erde ein. Die Wucht der heftigsten Einschläge lässt die Oberfläche stellenweise immer wieder aufschmelzen, große Einschlagskrater entstehen. Nachts um 3.30 Uhr (vor 3,9 Mrd. Jahren) ist das „Große Bombardement", wie Wissenschaftler diese Phase nennen, vorbei.

Etwa zur selben Zeit sinkt die Temperatur an der Oberfläche unter 100 Grad Celsius ab. Der Wasserdampf in der Atmosphäre kondensiert, Dauerregen setzt ein. Gegen 5.45 Uhr morgens (vor 3,5 Mrd. Jahren) sind die Urozeane entstanden. Nach und nach verflüchtigen sich die leichten Gase Wasserstoff und Helium in den Weltraum, ein Teil des Kohlendioxids, das zwischenzeitlich entstanden ist, löst sich in den Weltmeeren, ähnlich wie in einer Flasche Mineralwasser. Die Gewässer werden dadurch chemisch „sauer". Einzig Stickstoff verbleibt in der Atmosphäre und bildet deren Hauptbestandteil.

Im Meer entstehen jetzt die ersten Lebewesen, primitive Einzeller (vermutlich Cyanobakterien). Sie betreiben Photosynthese, bei der sie Kohlendioxid aufnehmen und Sauerstoff abgeben. Dadurch reichert sich die Atmosphäre langsam mit dem für uns lebenswichtigen Sauerstoff an. Allerdings geht dies sehr langsam vor sich, weil der Sauerstoff schnell mit anderen Stoffen, wie Eisen und Schwefel reagiert. Er wird damit der Atmosphäre wieder entzogen und vorwiegend im Gestein gebunden.

Die Umweltbedingungen bleiben hierbei keineswegs immer gleich. Um 12 Uhr mittags (vor 2,3 Mrd. Jahren) tritt die erste Eiszeit ein. Sie dauert bis 13.30 Uhr (300 Mio. Jahre). Seitdem gibt es auf der Erde einen Wechsel zwischen Warm- und Kaltzeiten, wobei die Erde achtzig bis neunzig Prozent ihrer Geschichte in Warmzeiten verbracht hat. In diesen Phasen sind alle Gebiete bis auf einige Hochgebirge eisfrei – auch die Pole.

Der Sauerstoffanteil in der Luft steigt langsam an. Alle Organismen müssen sich deshalb zunehmend auf diese veränderte Bedingung umstellen – oder sie gehen ein. Ab 14 Uhr treten Mehrzeller auf, doch erst gegen 16 Uhr (vor 1,5 Mrd. Jahren) entstehen die ersten Bakterien, die Sauerstoff in ihrem Innern so umsetzen können, dass sie dabei Energie gewinnen.

Rund eine Stunde später, gegen 17 Uhr (vor 1,3 Mrd. Jahren), setzt die „erste Explosion des Lebens“ ein, wie manche Forscher sagen. Erstmals kommt es zur sexuellen Fortpflanzung, also männliche und weibliche Lebewesen zeugen ihre Nachkommen. Das fördert Mutationen und damit das Entstehen neuer Arten. Der steigende Sauerstoffgehalt führt dazu, dass sich gegen 20 Uhr (vor 750 Mio. Jahren) in der oberen Atmosphäre eine Ozonschicht bildet. Sie verschluckt den energiereichen UV-Anteil der Sonnenstrahlen, der für Lebewesen an Land gefährlich ist. Das fördert die Entwicklung des Lebens.

Um 21 Uhr (vor 570 Mio. Jahren) ereignet sich die „zweite Explosion des Lebens“. Es entstehen im Wasser viele komplexe Lebensformen, wie Trilobiten, Fische und auch erste Pflanzen an Land, die die Sauerstoffproduktion kräftig anheizen. Bald kann das Gestein kaum mehr Sauerstoff aufnehmen, sodass von nun an der Sauerstoffgehalt in der Atmosphäre bleibt und dort rasch ansteigt. Gegen 22.15 Uhr (vor 350 Mio. Jahren) erreicht er den heutigen Wert von 22 Prozent.

Die Entwicklung der Lebewesen schreitet nun rasch voran. Um 23 Uhr (vor 200 Mio. Jahren) treten die ersten Reptilien auf, auch die berühmten Dinosaurier bevölkern die Erde. Sie sterben jedoch um 23.40 Uhr vermutlich als Folge eines verheerenden Meteoriteneinschlags aus. Um 23.45 Uhr (vor 50 Mio. Jahren) bevölkern die ersten affenartigen Lebewesen die Wälder, von denen sich die Gorillas um 23.57 Uhr (vor 10 Mio. Jahren) und eine Minute später die Schimpansen (vor 7 Mio. Jahren) abspalten.

Die ersten Vorläufer des Menschen betreten um 23.58.45 Uhr (vor 4 Mio. Jahren) die Bühne des Lebens. Eine Minute später (vor 1,8 Mio. Jahren) lernt in Ostafrika der homo erectus den aufrechten Gang, um 23.59.48 (vor 600 000 Jahren) lebt der homo heidelbergensis am Ufer des Neckars. Acht Sekunden später (vor 200 000 Jahren) tritt der erste Vertreter des heutigen Menschen auf: homo sapiens. Seine kulturelle Entwicklung – sagen wir vom Bau der ersten Pyramiden in Ägypten (vor 4600 Jahren) bis heute – spielt sich in der letzten Zehntelsekunde vor Mitternacht ab.

Der Mond – ein Kind der Erde?

Der Mond ist neben der Sonne der einzige Himmelskörper, auf dem wir mit bloßem Auge Details sehen können. Schon in einem kleinen Fernrohr oder Feldstecher erkennen wir hohe Gebirge, große Krater und gewaltige Einschlagsbecken.

Mit 3476 Kilometern Durchmesser zählt der Erdbegleiter zu den großen Monden im Sonnensystem. Nur die beiden Jupitermonde Ganymed und Kallisto sowie der Saturnmond Titan sind größer. Es gibt aber im gesamten Sonnensystem keinen Mond, der im Verhältnis zu seinem Planeten so groß ist: Die Erde besitzt einen nur 3,6-mal größeren Durchmesser als der Mond. Dieses ungewöhnliche Größenverhältnis und weitere Besonderheiten haben die Astronomen zu der Überzeugung geführt, dass die Entstehung des Mondes auch auf ungewöhnlichem Wege verlaufen ist. Favorisiert wird heute die Einschlagstheorie.

Hiernach stieß in der Frühphase des Sonnensystems ein Körper mit der Erde zusammen, der etwa die Größe des Mars hatte. Die Erde war noch teilweise geschmolzen, aber die schweren Elemente waren bereits zum Zentrum abgesunken und hatten den Eisenkern gebildet. Beim Aufprall des großen Objekts wurden die Gesteinskrusten beider Körper zerstört und in den Weltraum geschleudert. Ein Teil des Materials blieb in der Erdumlaufbahn und verdichtete sich zum Mond. Da das Material aus den äußeren Mantelbereichen der beiden Objekte stammte, war es arm an Eisen. Damit wäre verständlich, warum der Mond eine geringere mittlere Dichte hat als die Erde. Außerdem sollten nach diesem Modell die flüchtigen Elemente bei den hohen Temperaturen während des Aufpralls verdampft sein. Dies würde erklären, warum das Mondgestein weniger flüchtige Elemente enthält als das Erdgestein. Auch die Neigung der Mondbahn gegen die Erdäquatorebene um mehr als 20 Grad ließe sich mit einer solchen Kollision erklären. Stimmt diese Theorie, dann ist der Mond wirklich ein Kind der Erde.

Verlassen wir nun unseren schönen Planeten und begeben wir uns ins äußere Sonnensystem. Die nächste Station ist der Mars.

Mars – der rote Krieger

Kein anderer Planet hat die Phantasie der Menschen so bewegt wie der Mars. Vor 4000 Jahren galt er wegen seiner roten Farbe als Kriegsgott. Ende des 19. Jahrhunderts erregte die vermeintliche Entdeckung eines Kanalsystems auf seiner Oberfläche Aufsehen. Spekulationen machten die Runde, wonach eine hoch technisierte Zivilisation dieses Netz angelegt hatte, um Wasser der abtauenden Polkappen in die äquatornahen Wüstengebiete zu leiten. Heute ist bekannt, dass der Mars ein trister Wüstenplanet ist. Aber das war vermutlich nicht immer so. Der Rote Planet hat eine bewegte Entwicklung hinter sich, und es ist nicht ausgeschlossen, dass dort vor Jahrmilliarden Leben entstanden ist.

Der Mars benötigt für einen Sonnenumlauf knapp zwei Jahre. Ein Tag vergeht dort aber etwa wie bei uns in 24 Stunden und 37 Minuten. Ähnlich wie bei der Erde ist auch die Rotationsachse des Mars um 25 Grad gegen die Bahnebene geneigt. Deswegen kommt es auch zu Jahreszeiten, die allerdings doppelt so lange dauern wie auf der Erde. Im Frühjahr beginnen die Polkappen abzutauen, und in mittleren Breiten verfärbt sich der Boden dunkel. Früher hielt man dies für Vegetation, die mit Einsetzen der Schneeschmelze erblüht. In Wirklichkeit wehen heftige Stürme hellen Staub aus diesen Regionen fort und legen dunkleres Gestein frei.

Die Oberfläche ist von großen Einschlagskratern, Vulkanen und tiefen Canyons geprägt. Das gewaltige Valles Marineris beispielsweise durchschneidet die Oberfläche über eine Strecke von 4000 Kilometern, und Olympus Mons ist der höchste Berg im Sonnensystem. Er steigt etwa 25 Kilometer über die umgebende Hochebene auf und misst an der Basis 700 Kilometer im Durchmesser. Das entspricht etwa der Größe der iberischen Halbinsel mit Spanien und Portugal!

Eine dünne Atmosphäre umgibt den Mars, die zu 95 Prozent aus Kohlendioxid und 2,5 Prozent aus Stickstoff besteht. Der Oberflächendruck beträgt knapp ein Hundertstel der Erdatmosphäre. Kein Treibhauseffekt erwärmt den Planeten, und da der Mars nur etwa halb so viel Sonnenstrahlung erhält wie die Erde, sinkt die Temperatur nachts unter minus 100 Grad Celsius ab. Tagsüber können die Temperaturen nur im Sommer in einigen Gebieten bis auf 20 Grad steigen. Unter diesen Bedingungen kann es kein flüssiges Wasser auf der Oberfläche geben.

Wahrscheinlich war das aber nicht immer so. An vielen Stellen finden sich Kanäle, die an Flussbette erinnern. Einige weisen an den Rändern eine Folge von Ablagerungen auf, wie man sie in ähnlicher Form auch auf der Erde findet. In einigen Kanälen gibt es wie von strömendem Wasser geformte Inseln. Auch Bodenanalysen der amerikanischen Roboter-Fahrzeuge Spirit und Opportunity unterstützen den Verdacht auf ehemalige Wasservorkommen. Opportunity fand zum Beispiel Gestein mit ungewöhnlich hohem Gehalt an Schwefel und Brom, was sich die Forscher auf folgende Weise erklären: In einem ursprünglichen See waren Salze gelöst. Dann begann das Gewässer zu verdunsten, der Salzgehalt stieg. Als die Sättigungsgrenze überschritten war, fielen die gelösten Salze als feste Stoffe aus und sanken zu Boden. Dort sammelten sie sich in den jetzt untersuchten Schichten an. Aus der Umlaufbahn wies die europäische Sonde Mars Express in einigen Gebieten so genannte Tonminerale nach, die ebenfalls auf die ehemalige Existenz von Wasser hinweisen.

All diese Entdeckungen deuten darauf hin, dass der Mars anfänglich von einer dichten Atmosphäre umgeben und warm war. Damals gab es vermutlich ausgedehnte Meere und Flüsse. Doch nach einer Milliarde Jahren änderte sich das Klima. Die Atmosphäre verflüchtigte sich, und die Temperaturen sanken dramatisch ab. Diese Phase endete vor etwa 3,5 Milliarden Jahren. Seitdem gab es auf der Oberfläche vermutlich kein flüssiges Wasser mehr. Wohl aber haben sich Reservoirs von Wassereis unter der Oberfläche angesammelt.

Es scheint nicht ausgeschlossen, dass sich einst Leben auf dem Mars entwickeln konnte. Konkrete Hinweise darauf gibt es jedoch nicht. Die beiden amerikanischen Viking-Sonden, die 1975 an verschiedenen Stellen gelandet waren, suchten vergeblich mit unterschiedlichen Methoden danach. Und die Entdeckung angeblicher fossiler Mars-Würmer in einem Meteoriten namens ALH84001, der vom Mars zu uns gekommen ist, erwies sich als nicht stichhaltig.

Fossilien vom Mars?

Im August 1996 sorgte ein Forscherteam in den USA weltweit mit der Behauptung für Aufregung, in einem Mars-Meteoriten Spuren von Fossilien entdeckt zu haben. Stein des Anstoßes war ein Meteorit, den Forscher 1984 in der Antarktis entdeckt hatten. Der nach seinem Ort und der Zeit des Fundes benannte Allan Hills 84001, kurz ALH 84001, entpuppte sich nach chemischen Analysen als ungewöhnlicher Vertreter seiner Art. Er ist nämlich vom Mars gekommen. Vor rund 15 Millionen Jahren schlug ein riesiger Meteorit auf der Mars-Oberfläche ein und schleuderte dabei Gesteinsbrocken in den Weltraum. Einige von ihnen verließen das Schwerkraftfeld unseres Nachbarplaneten und umkreisten die Sonne. Einer dieser Brocken, nämlich ALH 84001, stieß vor etwa 13 000 Jahren mit der Erde zusammen und stürzte in die Antarktis.

Der Mars-Meteorit ist von Brüchen durchzogen, in denen sich winzige Carbonatflecken befinden. Auf diesen Flecken entdeckte ein Forscherteam dicht nebeneinander verschiedene Strukturen, die man bislang in keinem anderen Mars-Meteoriten gesehen hat. Zum einen wiesen die Forscher organische Moleküle nach. Zum anderen entdeckten sie winzige ovale Gebilde, die von ihrer Form her an Bakterien erinnern. Allerdings konnte man die für irdische Bakterien charakteristischen Zellwände nicht nachweisen. Mittlerweile sind die meisten Wissenschaftler davon überzeugt, dass sich all diese Funde auch ohne die Aktivität angeblicher Mars-Mikroben erklären lassen.

Überreste von denkbaren Lebewesen könnten sich ohnehin nur im Boden finden lassen, wo die intensive UV-Strahlung und der Teilchenwind der Sonne sie nicht zersetzen konnten. Zukünftige Raumsonden werden deshalb mit Bohrern ausgerüstet sein, die Proben aus ein bis zwei Metern Tiefe holen und in einem mitgeführten Labor analysieren.

Furcht und Terror begleiten den Mars

Der Mars besitzt zwei kleine Monde, die der amerikanische Astronom Asaph Hall im Jahre 1877 entdeckte. Sie erhielten die Namen Phobos (zu Deutsch Furcht) und Deimos (Terror) nach den Söhnen des Kriegsgottes Ares (Lateinisch Mars). Die beiden Monde besitzen Durchmesser von nur 27 und 15 Kilometern; man könnte sie also innerhalb weniger Tage gemütlich zu Fuß umrunden. Da Phobos in nur 6000 Kilometern Höhe über der Marsoberfläche dahinzieht, nimmt der Rote Planet von dort aus gesehen ein Viertel des Himmels ein.

Im Jahr 1945 bemerkte ein amerikanischer Astronom, dass Phobos sich auf einer Spiralbahn langsam dem Mars nähert. Sollte sich dieser Vorgang weiter fortsetzen, so müsste Phobos in ferner Zukunft auf die Planetenoberfläche stürzen. Erklären ließ sich dieses Verhalten aus damaliger Sicht damit, dass Phobos in den äußeren Schichten der Marsatmosphäre abgebremst wird. Allerdings war klar, dass in 6000 Kilometern Höhe die Atmosphäre viel zu dünn ist, um einen massiven Mond dieser Größe merklich abzubremsen. In den 1960er Jahren kam dann der sowjetische Astrophysiker Josef Schklowskij auf eine originelle Idee. Wenn die Dichte des Mondes nur etwa ein Hundertstel derjenigen von Wasser betragen würde, dann wäre er leicht genug, um von der Atmosphäre abgebremst zu werden. Allerdings müsste Phobos dann innen hohl sein. Und ein hohler Mond konnte nur eine Raumstation sein. War Phobos also ein Außenposten einer ehemaligen Marszivilisation?

Diese Spekulation brach 1969 in sich zusammen, als die Raumsonde Mariner 7 die ersten Fotos der Marsmonde zur Erde funkte. Die beiden Trabanten sahen ganz und gar nicht so aus, wie man sich eine Raumstation vorstellte. Phobos und Deimos sind ganz gewöhnliche, mit Einschlagskratern übersäte Monde. Wahrscheinlich erzeugt die Schwerkraft des Mars starke Gezeiten, die die Bahn von Phobos schrumpfen lassen. Schklowskij war im Übrigen ein anerkannter Astrophysiker und hat später angemerkt, er habe seinen Vorschlag nicht ganz ernst gemeint.

Aber die Beobachtung, dass sich Phobos dem Mars nähert, stimmt. Pro Jahrhundert verringert sich der Abstand um wenige Meter. Theoretiker haben errechnet, dass der Mond in einigen zehn Millionen Jahren auf dem Mars einschlagen könnte. Wahrscheinlicher ist es aber, dass er bereits einige Millionen Jahre zuvor wegen der starken Gezeitenkräfte zerbricht und dann ein Ring aus Gesteinsbrocken den Mars umgeben wird.

Asteroiden – Kartoffeln und kosmische Bomben

Wenn wir als nächste Station den größten Planeten des Sonnensystems, Jupiter, besuchen wollen, müssen wir den Asteroidengürtel durchqueren. Amerikanische Raumfahrtexperten befürchteten Anfang der 1970er Jahre, dass die Sonden Pioneer 10 und 11, die als erste durch dieses Gebiet hindurchflogen, dort mit einem der vielen Millionen Kleinkörper zusammenstoßen könnten. Tatsächlich passierte gar nichts, und auch alle nachfolgenden Sonden durchquerten den Asteroidengürtel unbeschadet.

Zwar schätzen Forscher, dass es zwischen den Bahnen von Mars und Jupiter mehr als eine Million Asteroiden mit Durchmessern von einem Kilometer und mehr gibt. Aber dieser Raumbereich ist so groß, dass es doch fast leer ist. Alle

Asteroiden zusammen besitzen etwa so viel Masse wie ein Körper mit 1200 Kilometern Durchmesser, was einem Drittel des Erdmond-Durchmessers entspricht.

Die meisten Asteroiden umkreisen die Sonne in Abständen zwischen 2,2 und 3,3 AE und haben Umlaufperioden zwischen drei und sechs Jahren. Obwohl die Abstände zwischen ihnen groß sind, kam und kommt es noch immer zu

Kollisionen, bei denen Teile abplatzen oder der gesamte Körper auseinanderbricht. So sind regelrechte Asteroidenfamilien entstanden. Die Astronomen können heute etwa ein Drittel der Asteroiden zehn Familien zuordnen. Ihre Mitglieder bewegen sich auf nahezu identischen Bahnen und zeigen sehr ähnliche Oberflächeneigenschaften. Von den sogenannten Eos-, Koronis- und Themis-Familien beispielsweise sind jeweils über hundert Mitglieder bekannt.

Es gibt auch eine Reihe von Asteroiden, die sich nicht nur in ihrem Gebiet zwischen Mars und Jupiter aufhalten. Einige von ihnen müssen in der Vergangenheit Jupiter zu nahe gekommen und dabei von seiner gewaltigen Schwerkraft abgelenkt worden sein. Sie bewegen sich heute auf stark elliptischen Bahnen, auf denen sie die Umlaufbahnen der inneren Planeten kreuzen. Etwa jeder hundertste Asteroid ist ein solcher „Kreuzer." Die Amor-Asteroiden schneiden die Marsbahn, die Apollo- und Aten-Asteroiden die Erdbahn und die Hidalgos die Jupiter-Bahn. Die Icarus-Asteroiden dringen sogar bis zu den Bahnen von Venus und Merkur vor.

Die Kreuzer sind gefährliche Zeitbomben, denn sie können mit den Planeten zusammenstoßen. Mini-Asteroiden von der Größe eines kleinen Steinchens verglühen in der Atmosphäre und leuchten dabei kurz als Sternschnuppe auf. Objekte von der Größe eines Fußballs erhellen die Nacht und werden als Boliden bezeichnet. Ein Brocken von vierzig bis sechzig Metern Durchmesser war vermutlich die Ursache des Tunguska-Ereignisses am 30. Juni 1908 in Zentralsibirien. Der Meteorit explodierte in mehreren Kilometern Höhe mit der Sprengkraft von tausend Hiroshima-Atombomben. Auf einer annähernd kreisförmigen Fläche mit fünfzig Kilometern Durchmesser waren schätzungsweise achtzig Millionen Bäume umgeknickt, viele von ihnen waren verbrannt. Solch ein verhältnismäßig kleiner Brocken kann also eine Großstadt wie Berlin vernichten! Grund ist seine hohe Geschwindigkeit von mehreren zehntausend Kilometern pro Stunde. Ein Fels mit acht bis zehn Kilometer Durchmesser, der vor 65 Millionen Jahren auf die Erde krachte, war vermutlich für das Aussterben der Dinosaurier verantwortlich. Seinen mutmaßlichen Einschlagskrater haben Wissenschaftler auf der Halbinsel Yucatan in Mexiko ausfindig gemacht.

Asteroidenstaub auf dem Bücherregal

Unentwegt rasen Teilchen aus dem All in die Erdatmosphäre. Deren gesamte Masse wird auf 30 000 Tonnen pro Jahr geschätzt. Winzige Staubteilchen unter ihnen werden in der Hochatmosphäre abgebremst und sinken langsam bis zum Erdboden nieder. Jeden Tag lagert sich auf der gesamten Erde pro Quadratmeter ein solches Teilchen ab. Allerdings sind die Weltraumflocken so klein, dass man zehn Milliarden Jahre lang warten müsste, bis sie die gesamte Erdoberfläche bedeckt hätten. Aber sie sind da, auch auf verstaubten Bücherregalen und Schränken. Man muss nur suchen.

Es gibt weltweit mehrere Observatorien, an denen systematisch nach erdnahen Asteroiden gesucht wird. Eine Liste der bekannten Objekte und der bisherigen Vorbeiflüge an der Erde gibt das Minor Planet Center in Cambridge, USA, heraus. Dort kann man nachlesen, dass am 31. März 2004 ein Gesteinsbrocken mit der Bezeichnung 2004 FU162 nur 6500 Kilometer über der Oberfläche an der Erde vorbeischrammte. Das ist die bislang nächste, bekannte Begegnung mit einem Meteoriten. Allerdings besaß er nur wenige Meter Durchmesser und hätte wohl keinen großen Schaden angerichtet.

Apophis naht

Die Astronomen kennen derzeit keinen Asteroiden, der sich auf Kollisionskurs mit der Erde befindet. Es gibt aber einen Kandidaten, der für einiges Aufsehen gesorgt hat, weil es nicht ausgeschlossen ist, dass er im Jahre 2036 auf der Erde einschlägt. Und das ist der rund 300 Meter große Apophis.

Amerikanische Astronomen entdeckten im Jahre 2004 diesen Asteroiden mit der Katalogbezeichnung 2004 MN4 und berechneten seine Bahn. Zu ihrer Bestürzung stellten sie fest, dass der kosmische Vagabund am 13. April 2029 auf der Erde einschlagen könnte. Ausgerechnet an einem Freitag dem 13. Erst genauere Bahnbestimmungen beruhigten die Gemüter wieder. Demnach rast das Geschoss in 40 000 Kilometern

Entfernung an unserem Planeten vorbei. Das entspricht etwa dem Abstand der geostationären Satelliten. In dieser Nacht wird Apophis als „Stern“ dritter Größe mit fast einem Grad (zwei Vollmonddurchmessern) pro Minute über den Himmel ziehen.

Damit schien die Gefahr gebannt. Doch Apophis, dessen Name auf den ägyptischen Gott des Chaos und der Finsternis zurückgeht, hält die Astronomen weiter in Atem. Wenn er nämlich 2029 bei seinem Erdvorbeiflug einen bestimmten Raumbereich mit 610 Metern Durchmesser durchquert, dann wird er genau so von der Schwerkraft unseres Planeten abgelenkt, dass er genau sieben Jahre später, am 13. April 2036, mit unserem Planeten zusammenstößt. Die Wissenschaftler nennen diesen Bereich, der einer Zielscheibe ähnelt, Kollisionsschlupfloch.

Die Astronomen werden deshalb alle Möglichkeiten ausschöpfen, um die Bahn von Apophis bei seiner Erdpassage am 13. April 2029 genau zu vermessen. Sie denken sogar daran, eine Sonde dorthin zu schicken, die einen Radiosender auf der Oberfläche absetzt. Der ließe sich mit Radioteleskopen extrem genau orten.

Was würden die Menschen tun, wenn sie erführen, dass Apophis sieben Jahre später auf der Erde einschlägt? Immerhin ist er rund 25-mal schwerer als der Tunguska-Meteorit. Er könnte also leicht eine große Stadt zerstören oder im Meer eine riesige Flutwelle, einen Tsunami, auslösen. Es gibt derzeit keine internationale Organisation, die sich mit einem solchen Fall beschäftigt. Aber einige Wissenschaftler und Raumfahrtingenieure denken seit Längerem über Abwehrmaßnahmen nach.

Es gibt viele Vorschläge, wie man einen heranrasenden Asteroiden ablenken könnte. Ihn mit einer Atombombe sprengen zu wollen, ähnlich wie es Bruce Willis im Film „Armageddon“ gelingt, scheint wenig erfolgversprechend. Ein grundsätzliches Problem besteht darin, dass der innere Aufbau von Apophis unbekannt ist. Ist es ein fester Brocken, wie ein Berg, oder ist er eher locker aufgebaut, wie manche Kometen? Eine Explosion könnte lediglich ein kleines Loch in den Koloss sprengen, wirkungslos verpuffen oder große Brocken absprengen, die schließlich doch mit der Erde kollidieren.

Sanftere Lösungen scheinen besser geeignet zu sein. Und je früher eine Maßnahme getroffen wird, desto kleiner kann der Ablenkungswinkel sein und umso geringere Kräfte sind nötig, um die Katastrophe zu verhindern. Das ist ein ähnliches Phänomen wie beim Schießen: Visiert man aus hundert Metern Entfernung eine Zielscheibe an, so genügt ein kleines Wackeln, um sie zu verfehlen. Steht man hingegen nur fünf Meter entfernt, so muss man das Gewehr schon stark verreißen, um das Ziel zu verfehlen.

Deshalb wäre es denkbar, auf der Oberfläche von Apophis ein großes Segel aus einer Metallfolie aufzuspannen, damit das Sonnenlicht den Brocken langsam aber sicher aus seiner Bahn lenkt. Auf eine trickreiche Idee sind zwei amerikanische Astronauten gekommen. Sie schlagen vor, in der Nähe des Asteroiden ein schweres Raumschiff zu „parken". Es würde den Brocken auf seiner Bahn begleiten, wobei sich Asteroid und Raumschiff mit ihrer Schwerkraft gegenseitig anziehen, sodass Apophis langsam aus seiner Bahn abgelenkt würde. Da das Kollisionsschlupfloch nur 610 Meter Durchmesser besitzt, müsste dieser etwa eine Tonne schwere „Schwerkraft-Schlepper" Apophis nur um wenige hundert Meter umleiten. Das sollte möglich sein, wenn man ihn rechtzeitig vor dem Jahr 2029 ins All bringt. Noch ist keine Entscheidung gefallen. Doch vielleicht muss sie in einigen Jahren getroffen werden.

Raumsonden haben mittlerweile mehrere Asteroiden aus der Nähe untersucht. In allen Fällen handelt es sich um kartoffelförmige Brocken, die von Einschlagskratern übersät sind. Lediglich der mit 975 Kilometern Durchmesser größte Körper

Ceres ist rund. Er allein macht ein Drittel der Gesamtmasse aller Asteroiden aus. Die Internationale Astronomische Union hat ihn im Jahre 2006 zusammen mit dem ehemaligen Planeten Pluto in den Stand eines Zwergplaneten erhoben.

Wir durchqueren dieses Reich der Kleinkörper und machen uns auf den Weg zu Jupiter, dem König der Planeten.

Jupiter – der König und sein Hofstaat

Jupiter, der Mächtigste und Gewaltigste unter den Göttern der Römer, macht seinem Namen alle Ehre. Fast drei Viertel der Masse aller Planeten vereint er allein auf sich; rund 1400 Erdkugeln fänden in seinem Innern Platz. Heftige Stürme umtosen den Planeten mit Spitzengeschwindigkeiten von 540 Kilometern pro Stunde. Sein „Markenzeichen", der Große Rote Fleck, ist bereits in einem mittelgroßen Amateurteleskop erkennbar.

Jupiter ist von der Sonne aus gesehen das erste Mitglied der Familie der Gasplaneten. Diese unterscheiden sich grundsätzlich von den inneren erdähnlichen Planeten. So ist Jupiters mittlere Dichte mit 1,33 Gramm pro Kubikzentimeter nur wenig höher als die von Wasser. Der Grund hierfür ist, dass er zu 99 Prozent aus den leichtesten Elementen Wasserstoff und Helium besteht.

Da man nicht tief in die Atmosphäre hineinschauen kann, sind die Forscher bei der Frage nach dem inneren Aufbau fast ausschließlich auf Computermodelle angewiesen. Lediglich den äußeren Bereich konnten sie direkt erkunden. Am 7. Dezember 1995 kam die Raumsonde Galileo am Jupiter an und bog in seine Umlaufbahn ein. Zur selben Zeit tauchte eine zuvor von ihr abgeworfene Kapsel in die Atmosphäre ein und übermittelte Messdaten an das Mutterschiff, die diese zur Erde weiterleitete. Starke Winde mit Spitzengeschwindigkeiten von über 500 Kilometern pro Stunde trieben die

Sonde vor sich her und zogen sie zudem rasch nach unten. Erst nach einer Stunde brach der Funkkontakt in 145 Kilometern Tiefe ab. Dort herrschte ein Druck von 22 Atmosphären bei einer Temperatur von 153 Grad Celsius.

Die Messdaten bestätigten großteils die damaligen Atmosphärenmodelle. Demnach bestehen die äußeren Schichten bis in eine Tiefe von etwa hundert Kilometern aus Schwebeteilchen, Ammoniakkristallen (NH_3), Ammoniumhydrogensulfid-Wolken (NH_4SH) sowie zwei Schichten mit Eiskristallen und Tröpfchen aus Wasser. Diese Wolken verleihen Jupiter seine farbigen Wolkenbänder.

Mit zunehmender Tiefe wachsen Druck und Temperatur enorm an. Rund tausend Kilometer unter der Wolkenoberkante wird der Wasserstoff bei 100 000 Atmosphären Druck flüssig. In 17 000 Kilometern Tiefe geht dieser flüssige Ozean bei drei Millionen Atmosphären in metallischen Wasserstoff über. In dieser 10 000 Grad heißen exotischen Materie können sich die Elektronen frei bewegen. Metallischer Wasserstoff ist deshalb elektrisch leitend. Vermutlich befindet sich im Zentrum des Planeten ein Gesteinskern, der fünfzehnmal schwerer ist als die Erde.

Das auffälligste und berühmteste Phänomen ist der Große Rote Fleck, ein gewaltiger Wirbelsturm auf der Südhalbkugel mit einer Ausdehnung von etwa 24 000 mal 12 000 Kilometern. Die Erde würde zweimal in ihn hineinpassen. Wer ihn zum ersten Mal gesehen hat, ist nicht ganz geklärt. Möglicherweise waren es der britische Astronom Robert Hooke im Jahre 1664 und ein Jahr später Giovanni Cassini in Frankreich. Ihre Aufzeichnungen sind aber nicht eindeutig. Auf jeden Fall tobt dieser mächtige Sturm seit mindestens 180 Jahren. Man stelle sich vor, ein solcher Hurrikan würde unablässig auf der Erde wüten.

Den Großen Roten Fleck umströmt an der Nordseite ein westwärts gerichteter und an der Südseite ein ostwärts gerichteter Wind. Zwischen diesen beiden großen Strömungen dreht sich der Wirbel, der rund acht Kilometer über die umgebende Wolkendecke hinausragt, alle sechs Stunden einmal um seine Achse. Gelegentlich verschluckt er kleinere, weiß erscheinende Wirbelstürme, die immerhin noch die Ausmaße irdischer Kontinente besitzen. Vermutlich nutzt er deren Schwung, um sich ähnlich wie ein Kreisel aufzuziehen. Wodurch er seine rötlich-braune Färbung bekommt, ist nicht klar. Möglicherweise spalten Blitze oder das Sonnenlicht Moleküle und setzen dabei Phosphor frei. Es wäre auch denkbar, dass aus tiefer gelegenen Atmosphärenschichten organische Moleküle nach oben gewirbelt werden.

Eine Überraschung erlebten die Astronomen 1979, als die Raumsonde Voyager 1 an Jupiter vorbeigeflogen war und rückwärts gewandt den Planeten fotografierte. Im Gegenlicht war ein bis dahin unbekannter mindestens 9000 Kilometer breiter Ring erkennbar, der Jupiter umgab. Er besteht aus nur tausendstel Millimeter kleinen Teilchen, ähnlich wie in Zigarettenrauch. Mit der Raumsonde Galileo fanden die Forscher in den 1990er Jahren zwei weitere schmale Ringe.

Eiskugel und Pizzamond

Der König der Planeten hat um sich einen Hofstaat an Monden geschart. Bis heute sind 63 bekannt, von denen die kleinsten nur wenige Kilometer Durchmesser besitzen. Die vier größten Monde hat schon Galileo Galilei im Jahre 1609 entdeckt. Zwei dieser Galileischen Monde sind spektakulär.

Der innerste dieser Monde, Io, ist einer der bizarrsten Körper im Sonnensystem. Die Aufnahmen von ihm erinnern an eine bunt belegte Pizza, doch sind die Zutaten alles andere als bekömmlich. Die rötlich-gelbe Färbung stammt von giftigen Schwefelverbindungen. Die Raumsonde Galileo machte zudem rund 120 aktive Vulkane aus, die Gas und Staub bis in 400 Kilometer Höhe schleudern. Das Auswurfmaterial bildet alle hundert Jahre global eine circa einen Zentimeter dicke Schicht. In einigen Gebieten waren auf Bildern bis zu 300 Kilometer lange und bis zu 1500 Grad Celsius heiße Lavaströme aus einem schwefelhaltigen Material erkennbar, die zum Teil aus langen Spalten herausquollen.

Mit einem Durchmesser von 3634 Kilometern ist Io etwa so groß wie unser Erdmond. Dieser Mond sollte deshalb – wie unser Trabant auch – seit seiner Entstehung bereits völlig ausgekühlt sein. Woher aber kommt dann die innere Energie?

Die Erklärung lautet: Io unterliegt auf ihrer Bahn den Einflüssen der Schwerefelder von Jupiter und den Nachbarmonden Europa und Ganymed. Diese zerren in unterschiedlichen Richtungen an dem Mond, was zu starken Gezeitenkräften führt, die das Innere wie einen Teig kneten und erwärmen. Und diese Energie reicht offenbar aus, um den aktivsten Vulkanismus im gesamten Sonnensystem zu entfachen.

Nicht minder interessant ist Ios Nachbarmond Europa. Mit 3130 Kilometern Durchmesser ist er nur wenig kleiner als der Erdmond. Außerdem erscheint er, gemessen an seiner Größe, recht hell. Ursache hierfür ist seine spiegelnde Oberfläche, die gänzlich aus Wassereis besteht. Diese Kruste ist mehrere Kilometer dick. Vermutlich dehnt sich darunter ein globaler Ozean aus warmem Wasser aus. Ob es darin Leben gibt, wie einige Forscher spekulieren, wird sich nur schwer nachweisen lassen. Bei den niedrigen Temperaturen von minus 150 Grad Celsius ist der Eispanzer hart wie Stahl. Dennoch denken Raumfahrtingenieure darüber nach, wie man die Eisdecke durchdringen und das darunterliegende Wasser untersuchen könnte.

Der dritte Galileische Mond Ganymed ist der größte Trabant im Sonnensystem. Mit einem Durchmesser von 5262 Kilometern ist er sogar größer als der Planet Merkur. Seine Oberfläche ist von Kratern zerfurcht und zu einer weißlich-grauen, aus schmutzigem, verharschtem Wassereis bestehenden Landschaft deformiert. Zudem ziehen sich lange Furchen durch das Eis, die an ein frisch gepflügtes Feld erinnern.

Der Mond Kallisto, mit 4820 Kilometern Durchmesser der drittgrößte Mond im Sonnensystem, ist eine tote Gesteins- und Eiswüste. Seine Oberfläche ist von unzähligen Einschlagskratern übersät – ein untrügliches Zeichen dafür, dass es auf diesem Mond seit Jahrmilliarden keine vulkanische oder tektonische Aktivität mehr gegeben hat.

Wir lassen nun Jupiter hinter uns und steuern den wohl glanzvollsten Planeten im Sonnensystem an: Saturn.

Saturn – der Herr der Ringe

Schöner als alle Planeten erscheint uns Saturn bereits durch ein kleines Fernrohr. Tausende von Ringen umgeben ihn und verleihen ihm seine unverwechselbare Erscheinung. Ähnlich wie bei Jupiter sind die Wolken zu breiten Bändern auseinandergezogen, und gewaltige Stürme tosen durch die Atmosphäre. Als einziger Planet im Sonnensystem besitzt Saturn zudem einen Mond mit einer dichten Atmosphäre. Dieser Begleiter namens Titan hat sich als einer der interessantesten Himmelskörper im ganzen Sonnensystem erwiesen.

Saturn ist der zweitgrößte Planet des Sonnensystems, die Erde würde 840-mal in ihm Platz finden. Aber seine mittlere Dichte beträgt nur 0,7 Gramm pro Kubikzentimeter. Könnte man ihn in eine riesenhafte Wasserwanne legen, würde er darin schwimmen. Der Grund: Saturn besteht wie Jupiter fast ausschließlich aus Wasserstoff und Helium. Doch im Gegensatz zu dem größten Planeten besitzt Saturn einen viel kleineren Gesteinskern.

Die Saturn-Wolken sind nicht so farbenfroh wie die Jupiters. Sie bestehen zum größten Teil aus Ammoniak, der bei Temperaturen um minus 190 Grad Celsius zu Kristallen gefroren ist. Im Saturn-Sommer entsteht ein weißer Fleck, der die Größe des Großen Roten Flecks erreichen kann. Allerdings löst er sich schon nach wenigen Wochen wieder auf. Da Saturn 29 Jahre für einen Umlauf um die Sonne benötigt, taucht der weiße Wirbel jahreszeitlich bedingt etwa in diesem zeitlichen Abstand auf.

In einer Tiefe von 32 000 Kilometern wird der Wasserstoff zu einem flüssigen Metall, und im Zentrum ruht ein Gesteinskern mit einem Radius von etwa 16 000 Kilometern. Im äußeren Randgebiet der Schale aus metallischem Wasserstoff spielt sich ein exotischer Prozess ab, der Wärme produziert. Helium kondensiert zu kleinen Tröpfchen, die zum Zentrum des Planeten absinken. Dabei entsteht im Kontakt mit dem umgebenden Gas Reibungswärme. Dieser Helium-Regen erklärt, dass Saturn etwa doppelt so viel Energie abstrahlt wie er von der Sonne empfängt.

Prächtige Ringe als Folge einer Katastrophe

Das auffälligste Merkmal aber sind die Ringe. Man unterscheidet heute sieben Ringgruppen, tatsächlich handelt es sich um Tausende von Einzelringen, die zusammen das flachste bekannte Objekt im Universum bilden. Der Durchmesser der im Fernrohr sichtbaren Hauptringe beträgt 280 000 Kilometer – entsprechend dem zwanzigfachen Erddurchmesser. Aber sie sind nur etwa dreißig Meter dick. Würde man die Ringscheibe auf die Ausmaße von zwei Fußballfeldern verkleinern, wäre sie nur ein hundertstel Millimeter dünn – weniger als ein Blatt Papier.

Die Ringe sind jedoch keine festen Körper wie beispielsweise eine Hutkrempe. Sie bestehen aus Teilchen, die wie eine Schar winziger Monde aus Staub und Eis den Planeten umkreisen. Während die Partikel in einigen Ringen nur einige tausendstel Millimeter groß sind, können in einigen Bereichen bis zu hausgroße Felsen vorkommen, die mit einer Eisschicht überzogen sind.

Die großen Hauptringe, die man bereits in einem kleinen Fernrohr erkennt, sind von außen nach innen mit den Buchstaben A, B, C und D bezeichnet. In größerer Entfernung vom Planeten gibt es jedoch noch sehr feine Ringe. Kurios ist der nur wenige hundert Kilometer breite F-Ring. Er wird von zwei Monden flankiert, die knapp inner- und außerhalb des Ringes den Planeten umrunden. Diese beiden etwa fünfzig Kilometer großen Minimonde namens Prometheus und Pandora sorgen mit ihrer Schwerkraft dafür, dass die Ringteilchen sich nicht voneinander entfernen können, was sie normalerweise tun würden. Die beiden Monde verhindern damit, dass der Ring auseinander läuft, weswegen man sie Schäferhund- oder Hirtenmonde nennt. Wie kam der Saturn nur zu diesem schönen Ringsystem?

Mit letzter Sicherheit lässt sich das immer noch nicht beantworten. Klar ist aber, dass das Ringsystem kein unveränderliches Phänomen ist. Die Ringteilchen stoßen häufig zusammen und zerreiben sich mit der Zeit gegenseitig. Die winzigen Teilchen fallen dann langsam in die Saturn-Atmosphäre hinein, sodass sich die Ringe nach und nach auflösen.

Nach heutiger Kenntnis befand sich einst an der Stelle der Ringe ein rund 500 Kilometer großer Mond. Der wurde von einem Asteroiden getroffen und zerbrach dabei in mehrere Monde. Weitere Asteroidentreffer zerkleinerten diese Monde, und ein unablässiger Beschuss durch kleinste Meteoriten sowie gegenseitige Zusammenstöße ließen die Felsbrocken nach und nach zerbröseln. Die dabei absplitternden Teilchen verteilten sich auf unterschiedlichen Umlaufbahnen und bildeten das heutige Ringsystem. Monde wie Pan, Daphnis und Atlas, deren Durchmesser zwischen vier und 15 Kilometern liegen, sind die größten Überreste des einstigen großen Trabanten, die Ringteilchen sind die kleinsten.

Niemand weiß, wann sich dieser kosmische Crash ereignet hat. Manche Forscher sehen Anzeichen dafür, dass dies vor höchstens hundert Millionen Jahren passiert ist. Damit hätte der viereinhalb Milliarden Jahre alte Saturn nicht immer so ausgesehen wie heute. Es scheint, als seien wir in der glücklichen Lage, Saturn in voller Pracht zu erleben.

Saturn ist nicht nur von den schönen Ringen umgeben, sondern hält sich zudem sechzig Monde. Zumindest sind heute so viele bekannt. Der mit Abstand interessanteste Mond ist Titan. Mit einem Durchmesser von 5150 Kilometern ist er der zweitgrößte Trabant im Sonnensystem, größer noch als der Planet Merkur. Als einzigen Mond im gesamten Sonnensystem umgibt ihn eine dichte Atmosphäre. Diese besteht fast ausschließlich aus Stickstoff und Methan und erreicht am Boden einen Druck von etwa 1,5 Atmosphären bei Temperaturen um minus 180 Grad Celsius. Unter den dort herrschenden Bedingungen spielt Methan vermutlich eine ähnliche Rolle wie das Wasser auf der Erde. Methan-Wolken schweben in der Atmosphäre, aus denen ein feiner Regen herabrieselt und sich in Seen und Flüssen ansammelt.

Die Landung der europäischen Sonde Huygens im Januar 2005 und Radarbeobachtungen des Raumschiffes Cassini haben den Wissenschaftlern einige Details dieser bizarren Welt vor Augen geführt. Auf den Bildern finden sich verästelte Kanäle, in denen zumindest früher einmal eine Flüssigkeit geströmt ist. Ob das auch heute noch der Fall ist, lässt sich nicht sagen. Mit Cassinis Radar entdeckten amerikanische Wissenschaftler zudem in hohen nördlichen Breiten bis zu siebzig Kilometer große Becken mit extrem glatter Oberfläche, in die flussähnliche Gräben münden. Dies sind mit großer Sicherheit Seen, die Methan und eine verwandte Substanz namens Ethan enthalten. Im Grunde handelt es sich um flüssiges Erdgas.

Unsere Reise führt uns nun zu den beiden äußersten Planeten Uranus und Neptun. Sie sind sich sehr ähnlich, weswegen wir sie gemeinsam vorstellen. Am Uranus angelangt werfen wir zuerst einen Blick zurück. Der hellste Stern, den wir sehen können, ist unsere Sonne. Sie erscheint uns so klein, dass wir nur mit Mühe ihre Scheibe erkennen können. Ihr Winkeldurchmesser beträgt nämlich nur noch 1,5 Bogenminuten, das entspricht der Größe eines Schraubverschlusses einer Wasserflasche in sechzig Metern Entfernung. Die Helligkeit beträgt nur noch 1/400 derjenigen auf der Erde. Am Neptun erscheint die Sonne noch eineinhalb Mal kleiner, und die Helligkeit beträgt nur noch 1/900. Hier ist es also schon recht finster.

Uranus und Neptun – die blauen Gasbälle

Uranus und Neptun sind die einzigen Planeten, die man nicht mit bloßem Auge am Himmel sehen kann. Deswegen wurden beide erst in der Neuzeit mit Fernrohren entdeckt. Uranus fiel zufällig dem Astronomen William Herschel am 13. März 1781 ins Auge, als dieser mit einem zwei Meter langen, selbst gebauten Fernrohr im Garten seines Hauses Sterne beobachtete. Dabei bemerkte er im Sternbild Zwillinge einen Stern, den keine Karte verzeichnete. Zuerst hielt der Astronom ihn irrtümlich für einen Kometen, doch nach weiteren Wochen der Beobachtung wurde klar: Herschel hatte als erster Mensch einen Planeten jenseits der Saturn-Bahn entdeckt.

Neptun spürten am 23. September 1846 Johann Gottfried Galle und dessen Student Heinrich Louis d'Arrest an der Berliner Sternwarte auf. Die Position hatte zuvor der französische Mathematiker und Astronom Urbain Le Verrier berechnet. Dies war möglich, weil Uranus auf seiner Bahn offensichtlich von der Schwerkraft eines unbekannten Planeten abgelenkt wurde. Le Verrier und der Engländer John Couch Adams berechneten aus diesen Unregelmäßigkeiten die Position des Störenfrieds. Le Verriers Vorhersage war es aber letztlich, die zum Erfolg führte. Der Vorbeiflug von Voyager 2 an Uranus im Jahre 1986 und an Neptun drei Jahre später blieb bis heute der einzige Besuch einer Raumsonde.

Uranus und Neptun sind sich sehr ähnlich, weisen aber doch einige überraschende Unterschiede auf. Mit Durchmessern von jeweils etwa 50 000 Kilometern sind sie etwa viermal so groß wie die Erde, beide besitzen eine ausgedehnte, vorwiegend aus Wasserstoff und Helium bestehende Atmosphäre. Bei den niedrigen Temperaturen an der Wolkenobergrenze von minus 215 Grad friert Methan aus, und es bilden sich Dunstteilchen. Sie verleihen den Planeten die blaue Färbung.

Während Uranus ziemlich gleichförmig aussieht, offenbarten die Voyager-Aufnahmen einen stürmischen Neptun, auf dem Wolken mit bis zu 600 Kilometern pro Stunde durch die Atmosphäre rasen. In der Wolkendecke existierte ein Großer Dunkler Fleck von den Ausmaßen der Erde – ein trichterförmiger Wirbelsturm, den mehrere weiße Zirruswolken aus Methaneis begleiteten. Allerdings ist der Große Dunkle Fleck nicht so langlebig wie sein Pendant auf Jupiter. Bereits Mitte der 1990er Jahre konnten ihn Astronomen mit dem Weltraumteleskop Hubble nicht mehr auffinden.

Uranus ist wahrscheinlich anders aufgebaut als Jupiter und Saturn. Unter der Gashülle vermuten die Forscher einen globalen Ozean aus heißem Wasser sowie geschmolzenem Gestein und Eis. Im Innern Neptuns muss es hingegen etwas anders aussehen. Denn obwohl dieser Planet doppelt so weit von der Sonne entfernt ist wie Uranus, ist er doch genauso warm. Das lässt vermuten, dass Neptun eine innere Wärmequelle besitzt. Worum es sich dabei handelt, ist nicht gänzlich geklärt. Die Forscher vermuten aber unter der ausgedehnten Atmosphäre ein breiiges Gemisch aus Wasser, Eis und Gestein. Möglicherweise sinken feste Bestandteile zum Mittelpunkt ab und erzeugen durch die Bewegung im flüssigen Material Reibungswärme. Gleichzeitig entweicht aus dem

Zentralgebiet immer noch Wärme aus der Entstehungszeit des Planeten.

Uranus zeigt eine Besonderheit, welche die Astronomen sehr erstaunt. Seine Rotationsachse ist um 98 Grad gegen die Bahnebene geneigt, sodass der Planet ähnlich wie ein Wagenrad auf seiner Bahn entlangrollt, wobei die Rotation rückläufig zur Bahnbewegung ist. Eine abschließende Erklärung für dieses einzigartige Phänomen gibt es nicht. Vielleicht hat der Planet bei einem Zusammenstoß mit einem großen Himmelskörper „Schlagseite" bekommen.

Uranus und Neptun fügen sich in die Reihe der Gasplaneten insofern ein, als sie beide von Ringen umgeben sind. Wie die Entdeckung des Uranus selbst war auch das Auffinden der Ringe ein Zufall. Im März 1977 zog der Planet vor einem Stern vorbei. Astronomen, die dieses Ereignis vorausberechnet hatten, wollten die Gelegenheit nutzen, um Uranus' Durchmesser genau zu bestimmen. Dieser lässt sich aus dem Zeitraum berechnen, während dem der Planet den Stern bedeckt. Zum Erstaunen der Astronomen wurde das Sternenlicht aber bereits vor der Bedeckung zeitweilig etwas schwächer, und nach der Bedeckung vollzog sich dasselbe Schauspiel erneut. Daraus folgerten die Wissenschaftler, dass insgesamt sechs sehr dünne, unsichtbare Ringe das Licht abgeschwächt hatten. Mit Voyager 2 konnten sie die Vermutung bestätigen und noch zwei weitere Ringe nachweisen. Bei Neptun fanden Astronomen im Juli 1984 ebenfalls bei einer Sternbedeckung sehr feine Ringe. Insgesamt zieren ihn vier dünne Ringe.

Die beiden äußersten Planeten besitzen auch Scharen von Monden einschließlich Schäferhundmonden. Bei Uranus sind insgesamt 27, bei Neptun 13 bekannt. Mit Abstand am interessantesten ist der Neptun-Mond Triton.

Mit einem Durchmesser von 2760 Kilometern ist er etwas kleiner als der Erdmond, zeigt aber eine überraschende Vielfalt an Oberflächenstrukturen. Während ein großer Bereich um den Südpol herum rosa erscheint, ist der nördliche Teil grünlich-grau. Die Erklärung liegt in Tritons ungewöhnlichen Jahreszeiten. Wegen des langen Umlaufs um die Sonne und seiner Achsenneigung liegt jeder Pol für jeweils 82 Jahre in der Sonne und anschließend ebenso lange im Dunkeln. In den Sommerphasen verdampfen Stickstoff- und Methaneis, und der darunter befindliche dunkle Boden wird sichtbar. Auf der kälteren Winterseite schlägt sich das Eis nieder und lässt diesen Bereich heller erscheinen, weil Eis das Sonnenlicht gut reflektiert. Das Methan ist gewissermaßen auf der Flucht vor der Sonne.

Zur Überraschung aller Forscher wurden auf den Bildern von Voyager 2 mehrere Kilometer hohe Fontänen auf Triton erkennbar, die aus dem Boden herauszuschießen schienen und bis zu 150 Kilometer lange, ovale, schwarze Spuren auf der Oberfläche hinterließen. Vermutlich handelt es sich um vulkan- oder geysirartige Ausbrüche. Sie entstehen, wenn sich mit Stickstoffgas gefüllte Blasen unter der Oberfläche im Sonnenlicht erwärmen, ausdehnen und schließlich geradezu explodieren. Eine verrückte Theorie, an die vor Voyagers Entdeckung wohl niemand geglaubt hätte. Denn mit einer Oberflächentemperatur von minus 236 Grad Celsius ist Triton einer der kältesten Himmelskörper in unserem Sonnensystem.

In absehbarer Zeit werden die Forscher nicht viel Neues über die beiden Außenposten in unserem Sonnensystem erfahren, denn eine Weltraummission ist derzeit nicht geplant.

Pluto und andere Zwergplaneten

Mehr als 76 Jahre lang galt Pluto als neunter Planet. Doch am 26. August 2006 entzog ihm die Internationale Astronomische Union (IAU) diesen Status und degradierte ihn zum Zwergplaneten. Es hagelte Proteste vor allem in den Medien und der Öffentlichkeit der USA, im Internet wurde eine Unterschriftensammlung zum Erhalt des Planetenstatus initiiert. Es half alles nichts. Pluto bleibt in der zweiten Liga. Außer ihm gibt es bislang nur drei weitere Vertreter: den früheren Asteroid Ceres und zwei Körper aus dem Außenbereich des Sonnensystems namens Eris und Makemake. Eris war übrigens die Ursache für Plutos Abstieg. Um diesen zu verstehen, verfolgen wir kurz Plutos Geschichte.

Der amerikanische Astronom Clyde Tombaugh hatte ihn am 18. Februar 1930 am Lowell-Observatorium in Arizona entdeckt, nachdem er auf unzähligen astronomischen Fotoplatten nach Himmelskörpern gesucht hatte, die sich im Zeitraum zwischen zwei Aufnahmen bewegt hatten. Pluto fiel allerdings aus mehreren Gründen im Vergleich mit den anderen Planeten aus der Rolle.

So gehört er als Gesteinsplanet nicht in die Reihe der vier äußeren Gasriesen. Außerdem ist er mit einem Durchmesser von 2300 Kilometern wesentlich kleiner als alle Planeten und sogar erheblich kleiner als der Erdmond. Ungewöhnlich ist auch seine Umlaufbahn: Sie ist so stark elliptisch, dass der Abstand zur Sonne zwischen 30 und 49 AE schwankt. Außerdem ist die Bahn um 17 Grad gegen die Bahnebene der Erde geneigt. Auch dieser Wert ist ungewöhnlich groß. Aus diesen Gründen waren schon sehr früh einige Astronomen der Meinung, Pluto sei kein Planet. Zum Beispiel schrieb dies der berühmte Astronom Walter Baade im Jahre 1939. Schauen wir uns den ehemaligen Planeten etwas genauer an.

Er benötigt für einen Umlauf um die Sonne 248 Jahre. Die Äquatorebene ist um 122 Grad gegen die Bahnebene geneigt, sodass der Nordpol unterhalb der Bahnebene liegt. Wegen der langen Umlaufzeit ist es an den Polen abwechselnd 124 Jahre lang Tag und Nacht. Seit seiner Entdeckung ist demnach auf Pluto nicht einmal ein Tag vergangen.

Über Plutos Oberfläche wissen die Astronomen nur sehr wenig, da ihn bislang keine Raumsonde besucht hat. Mit dem Weltraumteleskop Hubble lassen sich etwa ein Dutzend verschiedene Oberflächenformationen ausmachen. Wahrscheinlich stammen sie von unterschiedlichen Eissorten, die je nach Beschaffenheit hell oder dunkel erscheinen. Bei Temperaturen um minus 220 Grad Celsius sind nämlich Gase wie Stickstoff, Kohlenmonoxid und Methan gefroren.

Überraschend war 1978 die Entdeckung des Mondes Charon. Er umkreist Pluto in einer Entfernung von lediglich 19 400 Kilometern und benötigt dafür 6,4 Tage. Dies entspricht genau der Rotationsperiode Plutos. Charon und Pluto wenden sich deshalb stets dieselbe Seite zu. Ein einmaliger Fall im Sonnensystem. Im Jahre 2005 fanden Astronomen auf Bildern des Weltraumteleskops Hubble zwei weitere kleine Monde, die sie Nix und Hydra tauften. Drei Monde ist eine stattliche Zahl, und doch ist Pluto kein Planet. Warum?

Am 30. August 1992 machten die amerikanischen Astronomen Jane Luu und David Jewitt eine bahnbrechende Entdeckung. Am Mauna-Kea-Observatorium auf Hawaii hatten sie einen Körper mit etwa 200 Kilometern Durchmesser aufgespürt, der in einer Entfernung von vierzig AE die Sonne umkreist. Er ist demnach weiter von der Sonne entfernt als Pluto und Neptun. In den darauffolgenden Jahren wurden noch weitere dieser Trans-Neptune entdeckt, doch sie waren alle wesentlich kleiner als Pluto. Das änderte sich bald. Unter den Neulingen des äußeren Sonnensystems waren auch größere Körper, die so wohlklingende Namen wie Orcus, Sedna oder Quaoar erhielten. Sie sind mit Durchmessern von etwa tausend Kilometern knapp halb so groß wie Pluto.

Am 21. Oktober 2003 ging den amerikanischen Astronomen Mike Brown, Chad Trujillo und David Rabinowitz ein dicker Fisch ins Netz. Der Körper mit der schlichten Bezeichnung 2003 UB13 brachte die Sensation: Mit einem Durchmesser von 2400 Kilometern war er größer als Pluto.

Mike Brown feierte sich bereits als Entdecker des lang gesuchten zehnten Planeten und nannte ihn nach einer japanischen Comicfigur Xena. Doch der Astronom hatte sich zu früh gefreut. Die Wissenschaftler hatten nämlich die Befürchtung, dass zukünftige Beobachtungen noch viel mehr Objekte dieser Größenordnung zutage fördern, sodass sich die Zahl der Planeten leicht verdoppeln würde.

Um dies zu vermeiden, schuf die Internationale Astronomische Union (IAU) die neue Gruppe der Zwergplaneten. Hierzu gehören alle Körper im Sonnensystem, die rund sind und „ihre Umlaufbahn nicht von anderen Körpern freigefegt haben". In dieser letzten Eigenschaft unterscheiden sie sich von den regulären Planeten, die ihre Umgebung mit ihrer Schwerkraft „gesäubert" haben.

Zu dieser Gruppe gehören seitdem Pluto, der ehemalige Asteroid Ceres und der von Brown und Kollegen entdeckte Xena. Die IAU forderte schließlich noch einen angemessenen Namen für den neuen Zwergplaneten. Angesichts des vorherigen Streites um die Frage, ob Xena nun ein Planet ist oder nicht, entschied sich Brown für den Namen Eris – die Göttin der Zwietracht. Brown entdeckte später noch einen kleinen Mond, der Eris umkreist. Er wurde nach einem von Eris' Kindern Dysnomia getauft.

Im Juli 2008 erhob die IAU einen weiteren von Mike Brown entdeckten Körper in den Stand eines Zwergplaneten. Der mit einem Durchmesser von 1500 Kilometern drittgrößte bekannte Vertreter seiner Art befindet sich in einem Abstand von 45,6 AE von der Sonne. Benannt wurde er nach dem Fruchtbarkeitsgott der Polynesier Makemake.

Es sind noch mehr Himmelskörper bekannt, die wahrscheinlich demnächst in den Stand der Zwergplaneten erhoben werden. Sie alle befinden sich jenseits der Neptun-Bahn in einem Bereich, den die Astronomen Kuiper-Ring nennen. Dieser Außenbezirk des Sonnensystems ist nach dem Astronom Gerard Kuiper benannt, der dessen Existenz 1951 vorhergesagt hat. Der Wissenschaftler war darauf gekommen, als er sich die Umlaufbahnen von kurzperiodischen Kometen anschaute. Das sind Kometen, die für einen Umlauf um die

Sonne höchstens 200 Jahre benötigen. Der berühmte Halleysche Komet gehört hierzu. Kuiper fand heraus, dass deren langgestreckte elliptische Bahnen bis in den Bereich jenseits der Neptun-Bahn reichten. Deswegen vermutete er, dass sich dort eine große Zahl von Kometenkernen aufhält. Wenn ein solcher Körper durch die Schwerkraft beispielsweise Neptuns abgelenkt wird, kann er ins innere Sonnensystem umgelenkt werden. Kommt er dabei in Sonnennähe, so erwärmt er sich, und aus seinem Innern treten Gas und Staub aus, die den charakteristischen Schweif eines Kometen bilden.

Orcus, Sedna oder Quaoar – wer entscheidet über die Namen?

Es gibt weltweit mehrere Astronomengruppen, die gezielt nach kleinen Körpern im Sonnensystem suchen. Die meisten von ihnen werden im Asteroidengürtel entdeckt. Mittlerweile kommen aber immer mehr im Kuiper-Ring hinzu. Ein neu entdecktes Objekt erhält eine Nummer, sobald seine Bahn bekannt ist. Der Entdecker hat dann das Recht der Namensgebung, die IAU entscheidet jedoch letztlich über jeden Vorschlag. Zur Zeit sind mehr als 170 000 Kleinkörper nummeriert, jeden Monat kommen 2000 hinzu, weitere 300 000 warten auf ihre Nummer, weil ihre Bahnen noch nicht genau genug bekannt sind. Insgesamt gibt es im Sonnensystem etwa 500 000 Kleinkörper mit einem Durchmesser von mehr als einem Kilometer. Pluto erhielt nachträglich eine Nummer. Sie lautet: 134 340.

Ende 2008 waren mehr als tausend Objekte im Kuiper-Ring bekannt, vermutlich gibt es rund 70 000 mit Durchmessern von mehr als hundert Kilometern und noch weit mehr kleinere. Genau kennt diese Zahl niemand. Astronomen schätzen, dass alle Kuiper-Objekte zusammen einen Himmelskörper bilden könnten, dessen Größe zwischen der des Erdmondes und des Mars liegt.

Der Kuiper-Ring endet möglicherweise in einer Entfernung von 55 AE von der Sonne. Doch damit sind wir nicht am Rand des Sonnensystems angelangt. Indizien für eine wesentlich größere Ausdehnung liefern uns abermals Kometen.

Rund 85 Prozent aller Kometen mit bekannten Bahnen benötigen für einen Umlauf um die Sonne mehr als 200 Jahre. Dies sind die langperiodischen Kometen. Der niederländische Astronom Jan Hendrik Oort fand heraus, dass diese sich auf sehr langgestreckten Ellipsenbahnen sehr weit von der Sonne entfernen. Oort sagte deshalb 1950 vorher, dass das Sonnensystem von einem Schwarm von Körpern umgeben ist. Diese halten sich in einem kugelschalenförmigen Bereich auf, der das Sonnensystem in einem Entfernungsbereich zwischen 20 000 und 70 000 AE, entsprechend 0,3 bis über ein Lichtjahr, umgibt. In diesem Raumbereich vermuten die Astronomen einige hundert Milliarden Kometenkerne mit einer Gesamtmasse von zehn Erdmassen. Zieht dort draußen ein Stern oder eine massereiche Staubwolke vorbei, so kann ein Kometenkern durch die Schwerkraftwirkung ins innere Sonnensystem geschleudert werden.

Nur wenige Kometen werden so hell, dass man sie mit bloßem Auge am Himmel erkennen kann. Zuletzt war dies bei den Kometen Halley (1986), Hyakutake (1996) und Hale Bopp (1997) der Fall. Sie sind Boten aus den Tiefen des Alls und deswegen auch für die Wissenschaftler hoch interessant. Kometen sind so etwas wie natürliche, kosmische Gefriertruhen. Sie haben die Materie, aus der sie und die Planeten entstanden sind, in ihrem Urzustand konserviert. Für Astronomen sind Kometen daher so etwas wie tiefgefrorene Archive.

Während ein Kometenschweif mehrere hundert Millionen Kilometer lang werden kann, sind die eigentlichen Körper, die Kometenkerne, recht klein. Der Halleysche Komet gehört mit 15 Kilometer Länge und 8 Kilometern Breite zu den größeren Vertretern. Seine Oberfläche ist vermutlich von einer Staubschicht bedeckt. Erwärmt das Sonnenlicht das darunterliegende Eis, so wird es gasförmig, dehnt sich aus und schießt wie ein Geysir aus dem Kern heraus. Der Halleysche Komet verliert auf diese Weise bei jedem Sonnenumlauf etwa 250 Millionen Tonnen Gas und Staub. Das entspricht rund einem Tausendstel seiner Gesamtmasse.

Kometenkerne bestehen zum überwiegenden Teil aus Wassereis, vermengt mit Steinen und Staub. Sie sind also so etwas wie „schmutzige Schneebälle." Gas und Staub, die aus dem Kern herausschießen, sammeln sich zunächst in einer kugelförmigen Wolke, der sogenannten Koma, um den Kern an. Das Sonnenlicht und der Sonnenwind reißen die Teilchen jedoch vom Kometenkern fort, sodass diese den Schweif ausbilden. Meistens sammeln sich die Staub- und Gasteilchen in zwei getrennten Schweifen an, die stets von der Sonne fortweisen. Staubschweife können zehn bis 15 Millionen Kilometer lang werden, die Gasschweife sogar bis zu 500 Millionen Kilometer.

Wo genau die Oortsche Wolke endet, ist ungewiss. Vermutlich erstreckt sie sich bis in eine Entfernung von 70 000 AE. Das ist etwas mehr als ein Lichtjahr, entsprechend einem Viertel des Weges bis zum nächsten Stern Proxima Centauri. In die Welt der Sterne und Nebel begeben wir uns im nächsten Kapitel.

3. Wie kommt ein fliegender Fisch in den Himmel? Der gestirnte Himmel über uns

Wer schon einmal in einer glasklaren Nacht fern von einer hellen Stadt den Sternenhimmel bestaunt hat, der wird unsere Vorfahren verstehen. Die Sumerer, die um 3500 vor Christus die Keilschrift erfanden, die Ägypter, die 900 Jahre später die erste Pyramide errichteten, oder die Griechen, die ab 450 vor Christus die Akropolis bauten: Sie alle wussten nichts über die Natur der Himmelskörper und deren Entfernungen. Sie sahen in ihnen meistens die Sitze von Göttern. Nur einige Philosophen in Griechenland vermuteten bereits richtig, dass es sehr weit entfernte Sonnen sind.

Gelehrte und vor allem Priester verfolgten schon früh das Geschehen am Himmel. Dabei fiel ihnen auf, dass die Sterne über den Himmel wandern, auf- und untergehen und sich im Laufe des Jahres der Anblick des Himmels verändert. Aber sie bemerkten auch, dass die Sterne ihre Positionen zueinander beibehielten. Lediglich die fünf mit bloßem Auge sichtbaren Planeten zogen durch dieses Sternenmeer hindurch. Die Griechen bezeichneten sie deshalb als Wandelsterne. Und schließlich zogen auch Sonne und Mond gemächlich ihre Bahnen über das Himmelszelt.

Ein Himmel voller Bilder

Im Jahresrhythmus wiederholte sich der Gang der Sterne. Deshalb diente das Firmament auch als Kalender. In Ägypten beispielsweise fiel das erste Auftauchen des Sterns Sirius kurz vor Sonnenaufgang am Osthorizont nach einer langen Periode der Unsichtbarkeit ungefähr mit dem Ansteigen des Nils und damit mit der Bewässerung der Felder zusammen. Doch vor allem erschien den Menschen das gestirnte Firmament erhaben und göttlich. Deswegen bevölkerten sie es mit den Helden ihrer Sagen. Die Ursprünge der uns heute geläufigen Sternbilder finden sich im Gilgamesch-Epos der Babylonier. Bereits auf die Zeit um 2000 vor Christus gehen die heute noch gebräuchlichen Sternbilder Adler, Wassermann oder Zwillinge zurück. Die Griechen übernahmen einige der babylonischen Sternbilder und fügten noch viele hinzu.

Heute sehen wir die Existenz der Sternbilder erheblich nüchterner. Die Internationale Astronomische Union hat im Jahre 1933 offiziell ihre Zahl auf 88 und deren Namen festgelegt. Den fast nur von der Südhalbkugel der Erde aus sichtbaren Südhimmel erkundeten die Astronomen erst viel später als den Nordhimmel. Deswegen besitzen dort einige Sternbilder moderne Namen, wie Luftpumpe, Chemischer Ofen oder Fernrohr. Am Südhimmel gibt es auch ein unscheinbares Sternbild namens Fliegender Fisch, das sinnigerweise zwei holländische Seefahrer Ende des 16. Jahrhunderts benannt haben. Der deutsche Astronom Johann Bayer nahm es dann in seinen damals bedeutenden Himmelsatlas „Uranometria" auf.

Andere Kulturen haben den Himmel ganz anders eingeteilt. Bei den Chinesen beispielsweise besteht das Firmament aus drei Gebieten und 28 Wohnsitzen. Die Gebiete umgeben den

Himmelsnordpol und haben die wohlklingenden Bezeichnungen: das purpurne verbotene Gebiet, Gebiet des höchsten Palastes und Gebiet des himmlischen Marktes. Die 28 Wohnsitze reihen sich entlang der Tierkreiszeichen auf. Die Tierkreiszeichen haben vor allem astrologische Bedeutung. Aus astronomischer Sicht liegen sie in einem 20 Grad breiten Himmelsstreifen, in dem die sogenannte Ekliptik verläuft. Das ist jener Kreis, in dem die Erdbahnebene die Himmelssphäre schneidet. Durch die Tierkreiszeichen verlaufen die Bahnen der Planeten, der Sonne und des Mondes. Darin spiegelt sich die Tatsache wider, dass die Planeten und der Mond etwa in der Erdbahnebene um die Sonne laufen.

Lange Zeit glaubten die Menschen, die Erde stünde im Zentrum des Universums, und alle Himmelskörper würden sich um sie drehen. Nikolaus Kopernikus wagte es im 16. Jahrhundert, die Erde aus dem Zentrum zu verstoßen und stattdessen die Sonne dort zu platzieren. Damit war die Erde nur ein Planet unter fünf anderen und somit nichts Besonderes mehr. Andere Wissenschaftler wie Johannes Kepler und Galileo Galilei mussten lange dafür kämpfen, bis dieses neue Weltsystem Anerkennung fand.

Seitdem wissen wir, dass sich die Erdkugel einmal in 24 Stunden von West nach Ost um ihre eigene Achse dreht. Deshalb hat es den Anschein, als würden die Gestirne von Osten nach Westen über den Himmel wandern: Die Himmelskörper gehen im Osten auf und im Westen unter. Genauer gesagt drehen sich alle Gestirne um einen Punkt am Himmel – den Durchstoßpunkt der Erdachse durch die Himmelssphäre. Zufällig steht an dieser Position der Polarstern Polaris. Er bildet das vordere Ende der Deichsel im Sternbild des Kleinen Wagen und zeigt die Nordrichtung an.

Das wird jedoch nicht für alle Ewigkeit so sein. Die Drehachse der Erde taumelt nämlich ein wenig, ähnlich wie ein Brummkreisel, den man leicht antippt. Dementsprechend wandert auch der Himmelspol auf einem Kreis. Allerdings geht das sehr langsam. Eine volle Umdrehung dauert 25 800 Jahre. Das hat zur Folge, dass um das Jahr 9000 herum der Stern Deneb im Schwan der Polarstern sein wird und etwa im Jahre 13 000 die Wega im Sternbild Leier.

Auf der Südhalbkugel gibt es natürlich auch einen Himmelspol. An dessen Stelle befindet sich jedoch kein so heller Stern wie Polaris, sondern das aus drei unscheinbaren Gestirnen bestehende Sternbild Oktant. Manche Menschen glauben, das berühmte Sternbild Kreuz des Südens bilde den Himmelssüdpol. In Wirklichkeit steht es rund 30 Grad davon entfernt.

Neben der täglichen Himmelsdrehung gibt es auch noch eine jährliche Drehung. Sie hat ihre Ursache im Umlauf der Erde um die Sonne. Dadurch ändert sich von Nacht zu Nacht der Himmelsanblick ein wenig. Manche Sternbilder sind deshalb auch nicht das ganze Jahr über sichtbar. Ein Stern ist ja nur dann erkennbar, wenn er von der Erde aus gesehen nicht in Richtung der Sonne, also am Taghimmel, steht.

Für die moderne Astronomie haben weder die Sternbilder noch die Planetenkonstellationen eine physikalische Bedeutung. Tatsächlich ergeben sich die Sternbilder aufgrund eines zufälligen Musters von Sternen, die sich tatsächlich in unterschiedlichen Entfernungen von der Erde befinden. So sind beispielsweise im Kleinen Wagen der hellste Stern, der Polarstern, 680 Lichtjahre und der zweithellste, Kochab, nur 95 Lichtjahre von der Erde entfernt.

Außerdem scheint es nur so, als würden sich die Sterne nicht bewegen. In Wirklichkeit tun sie es doch. Allerdings sind die Bewegungen so langsam, dass man sie selbst innerhalb von Jahrhunderten mit bloßem Auge nicht wahrnimmt. Die Neandertaler haben jedoch einen anderen Himmel gesehen als wir.

Die Sternbilder haben wie gesagt für die Astronomen heute keine Bedeutung mehr. Stattdessen haben sich die Wissenschaftler am Himmel Koordinatensysteme geschaffen, in denen sie die Positionen von Himmelskörpern festlegen. Ordnung muss schließlich sein. Auf der Erde ist die Lage eines jeden Ortes durch seinen Breiten- und seinen Längengrad festgelegt. Ein ganz ähnliches Gradnetz gibt es auch am Himmel. Die Astronomen nennen es Äquatorialsystem. Das gesamte Netz kann man sich auf folgende Weise vorstellen: Man denke sich die Erde durchsichtig, ähnlich wie ein von innen beleuchteter Globus. Nun soll die Lampe so hell sein, dass sie die irdischen Längen- und Breitengrade mitsamt dem Äquator an den Himmel projiziert. Die Breite heißt am Himmel Deklination und die Länge Rektaszension. Heutige Teleskope verfügen über eine Computersteuerung. Man gibt lediglich die Koordinaten des gewünschten Himmelskörpers ein, und schon richtet sich das Instrument selbstständig darauf aus.

Die große Leere

„Weißt du, wie viel Sternlein stehen / an dem blauen Himmelszelt?“, heißt es in dem bekannten Kinderlied. Ja, wie viele sind es denn nun? Genau genommen gibt es auf diese Frage keine eindeutige Antwort, weil diese von verschiedenen Bedingungen abhängt. Wie klar ist der Himmel? Scheint der Mond so hell, dass er viele Sterne überstrahlt? Wie empfindlich sind die Augen eines Menschen? Nehmen wir einmal die idealen Voraussetzungen an: Wir stehen auf einem hohen Berg, keine Wolke am Himmel, keine Stadtlichter weit und breit und Neumond. Dann können wir etwa 3400 Sterne sehen.

Wie man unschwer erkennt, sind die Himmelslichter unterschiedlich hell. Die Astronomen arbeiten mit einer Helligkeitsskala, die sie noch von den alten Griechen übernommen haben, obwohl sie nicht sehr praktisch ist. Die Helligkeit wird als Größenklasse bezeichnet. Verwirrend ist zum Beispiel, dass ein Stern um so heller scheint, je kleiner seine Größenklasse ist. Diese Skala reicht sogar in den negativen Zahlenbereich. So besitzt der hellste Stern, Sirius, die Größenklasse minus 1.46. Mit abnehmender Helligkeit (also wachsender Größenklasse) nimmt die Anzahl der Sterne rasch zu. So gibt es nur 14 Sterne 1. Größe, 39 Sterne 2. Größe, 105 Sterne 3. Größe usw. Mit bloßem Auge erkennt man unter günstigen Bedingungen gerade noch einen Stern 6. Größe. Von ihnen gibt es am gesamten Himmel bereits 4720. Die Summe aller Sterne bis zur 6. Größe beträgt etwa 6800, also pro Himmelshälfte 3400. Auch Sonne und Mond lassen sich in diese Skala einreihen. Sie besitzen die Größenklassen minus 26.9 und minus 12.5.

Die Helligkeit, mit der uns ein Stern am Himmel erscheint, bezeichnen Astronomen als *scheinbare* Helligkeit. Scheinbar deswegen, weil die Größenklasse eines Sterns nichts über seine wirkliche Helligkeit aussagt. Wie wir später noch sehen werden, gibt es Sterne, die viel heller strahlen als die Sonne, und andere, die viel schwächer sind. Hinzu kommt, dass ein Stern umso lichtschwächer erscheint, je weiter er von uns entfernt ist. Die Helligkeit, mit der uns ein Stern am Himmel erscheint, hängt also von seiner wirklichen Helligkeit und von seiner Entfernung ab.

Um Sterne objektiv vergleichen zu können, haben Astronomen die *absolute* Helligkeit eingeführt. Das ist die Helligkeit, mit der uns ein Stern erscheinen würde, wenn er sich in einer Entfernung von 10 Parsec, das sind 32,6 Lichtjahre, befinden würde. Wäre unsere Sonne so weit von uns entfernt, dann würde sie uns am Himmel als Stern mit einer Größenklasse von 4.7 erscheinen und wäre also nur unter guten Bedingungen noch mit bloßem Auge erkennbar. Die etwas seltsam klingende Entfernungseinheit Parsec (abgekürzt pc) werden wir gleich genauer kennenlernen. Hier sei nur gesagt, dass 1 pc gleich 3,26 Lj entsprechen.

Wenn man in einer klaren Nacht an den Himmel schaut, fragt man sich oft, wie weit diese blinkenden Lichter wohl entfernt sein mögen. Von den fernsten mit bloßem Auge sichtbaren Einzelsternen trennen uns mehrere tausend Lichtjahre. Das Auge reicht aber noch viel weiter. So ist im Sternbild Herkules ein schwacher nebliger Fleck erkennbar. Es handelt sich um den Kugelsternhaufen Messier 13 oder kurz M 13, der 22 000 Lichtjahre entfernt ist und aus rund 500 000 Sternen besteht. Der entfernteste, mit unbewaffnetem Auge gerade noch erkennbare Himmelskörper aber ist der Andromeda-Nebel im gleichnamigen Sternbild. Hierbei handelt es sich um eine 2,3 Millionen Lichtjahre entfernte Spiralgalaxie. Sie sandte das heute bei uns ankommende Licht aus, als in Afrika die ersten Vorfahren des Menschen den aufrechten Gang erlernten.

Jetzt haben wir schon so viel über Entfernungen gesprochen, doch wie messen Astronomen sie überhaupt? Im letzten Kapitel haben wir gesehen, dass sich Entfernungen im Sonnensystem sehr genau mit Radargeräten messen lassen. Für die Sterne haben Wissenschaftler im Verlauf der letzten Jahrhunderte mehr als zwanzig Methoden entwickelt. Es gibt aber nur eine, die auf rein geometrischen Grundlagen beruht und keine Annahmen über die Sterne benötigt. Das ist die sogenannte Trigonometrische Parallaxe. Sie ist die Basis, auf der alle anderen Verfahren aufbauen, und bildet sozusagen die erste Stufe der kosmischen Entfernungsleiter. Schauen wir sie uns einmal an.

Die Erde bewegt sich auf einer Bahn mit einem Durchmesser von etwa 300 Millionen Kilometern um die Sonne. Beobachtet man einen nahen Stern im Abstand von einem halben Jahr, so sieht man ihn von zwei Punkten aus, die um jene 300 Millionen Kilometer auseinander liegen. Dadurch erscheint uns die Position dieses Sterns im Vergleich zu sehr weit entfernten Sternen leicht verändert. Nach einem weiteren halben Jahr steht er wieder am ursprünglichen Ort. Verfolgt man diese winzige, mit bloßem Auge nicht wahrnehmbare Bewegung über das ganze Jahr hinweg, so beschreibt der Stern am Himmel eine kleine Ellipsenbahn. Sie spiegelt die Bahn der Erde um die Sonne wider.

Astronomen nennen diesen Effekt Parallaxe. Man kann ihn sich leicht veranschaulichen. Hierzu halte man einen Finger vor sein Gesicht und betrachtet ihn abwechselnd mit dem linken und dem rechten Auge. Dann scheint der Finger vor dem Hintergrund hin und her zu springen. Die Augen entsprechen den beiden Erdpositionen auf der Umlaufbahn und der Finger dem nahen Stern. Je näher der Stern ist, desto größer ist sein perspektivischer Sprung. Da man den Durchmesser der Erdbahn genau kennt, lässt sich aus dem Winkel, um den der Stern am Himmel hin und her pendelt, sehr leicht dessen Entfernung ausrechnen. Er ergibt sich einfach aus dem Sinus des Winkels.

Nachdem Nikolaus Kopernikus im Jahre 1543 in seinem berühmten Werk „De revolutionibus“ behauptet hatte, die Erde bewege sich um die Sonne, suchten die Astronomen nach dem Parallaxen-Effekt. Denn er ist der Beweis für die Richtigkeit dieser Behauptung. Stünde die Erde still, so gäbe es den Effekt nicht. Fast drei Jahrhunderte lang bissen sich die besten Astronomen ihrer Zeit an der Parallaxenmessung die Zähne aus. Erst 1838 gelang dieses Kunststück dem deutschen Astronomen Friedrich Wilhelm Bessel. Er bestimmte die Parallaxe des unscheinbaren Sterns 61 Cygni im Sternbild Schwan. Der Wert betrug nur 0,3 Bogensekunden. Das entspricht dem Durchmesser einer Ein-Euro-Münze in 1400 Kilometern Entfernung. Bessel errechnete daraus, dass die Entfernung von 61 Cygni zur Erde 10,3 Lichtjahre beträgt. Ein Wert, der noch heute gilt. Damit war endgültig der Beweis erbracht, dass sich die Erde um die Sonne bewegt. Allerdings war zu der Zeit ohnehin schon jeder Astronom davon überzeugt.

Aus dieser Entfernungsbestimmungsmethode leitet sich auch die schon erwähnte Einheit Parsec ab. Ein Stern in einer Entfernung von einem Parsec, entsprechend 3,26 Lichtjahren, weist eine Parallaxe von genau einer Bogensekunde auf. Das entspricht 1/3600 von einem Grad oder etwa 1/1800 des Vollmonddurchmessers.

Mit der Parallaxenmethode haben Astronomen die Entfernungen von Sternen in der Sonnenumgebung gemessen. Das Ergebnis war, dass sich in einem würfelförmigen Gebiet mit einer Kantenlänge von zehn Lichtjahren etwa drei Sterne befinden. In gewohnter Manier verkleinern wir unsere Sonne auf die Größe eines Stecknadelkopfes mit einem Durchmesser von 1,4 Millimetern. Dann schrumpfen die zehn Lichtjahre auf neunzig Kilometer. In diesem Mikrokosmos sind die Sterne der Sonnenumgebung so weit verteilt wie drei Stecknadelköpfe in einem Würfel mit dieser Kantenlänge.

Wir sehen, dass nicht nur die Planeten in unserem Sonnensystem ziemlich verloren sind, sondern auch die Sterne in der Milchstraße. Es gibt andere Bereiche, wie das Zentrum unserer Milchstraße, in denen die Sterne hundertmal dichter versammelt sind. Aber 300 Stecknadelköpfe in einem Würfel mit neunzig Kilometern Kantenlänge sind immer noch sehr weit verteilt.

Wir haben jetzt einiges über die Verteilung der Sterne am Himmel und in der Milchstraße erfahren. Als Nächstes schauen wir uns die Eigenschaften der Gestirne und deren Lebenslauf an.

4. Wie dick ist der dickste Stern? Entstehung und Eigenschaften von Sternen

Jeder Stern, den wir am Himmel sehen, ist eine Sonne. Einige Sterne sind leichter, andere schwerer als unser Tagesgestirn. Woher wissen die Astronomen das so genau? Den Schlüssel zur Beantwortung dieser Frage liefert die Physik.

Sonnenlicht erscheint uns gelblich-weiß. In Wirklichkeit besteht es aus unzählig vielen Farben, den Spektralfarben. Der englische Physiker Isaac Newton fand dies heraus, als er Sonnenlicht durch ein Glasprisma leitete. Beim Durchgang durch das Glas fächert sich der weiße Lichtstrahl auf und erscheint uns hinter dem Prisma als Farbband oder Spektrum. Ein Regenbogen entsteht auf dieselbe Weise, wenn Sonnenlicht durch Regentropfen hindurchläuft.

Zu Beginn des 19. Jahrhunderts experimentierte der deutsche Optiker Joseph von Fraunhofer mit Sonnenlicht. Er leitete es durch ein Fernrohr, bevor es in das Prisma eines sogenannten Spektrographen gelangte. Dadurch wurden in dem Spektrum Details erkennbar. Insbesondere fiel Fraunhofer auf, dass an manchen Stellen die Farbe fehlte. Das Spektrum war von schwarzen Linien durchzogen. Was bedeuteten sie?

Die Antwort gaben die beiden Chemiker Gustav Robert Kirchhoff und Robert Wilhelm Bunsen. Sie zerlegten das Licht von heißen, leuchtenden Gasen in seine Spektralfarben. Diese Spektren enthielten nur an wenigen Stellen farbige Linien, waren also überwiegend schwarz. Die Spektren der heißen Gase waren genau das Pendant zum Sonnenspektrum. Ursache hierfür sind die Atome des Gases. Sie geben ausschließlich bei ganz bestimmten Farben Licht ab und können umgekehrt auch nur Licht genau dieser Farbe verschlucken. So findet man im Spektrum von Natriumdampf eine gelbe Linie. Im Sonnenspektrum erscheint an genau derselben Stelle im gelben Farbbereich eine schwarze Linie, weil Natriumatome diesen Teil des Sonnenlichts verschlucken. Fraunhofer fand im Sonnenspektrum mehr als 570 Linien, heute sind mehr als 26 000 bekannt. Sie sind die Fingerabdrücke der chemischen Elemente.

Leitet man Sternenlicht durch ein Prisma, dann fächert es sich ebenfalls in ein Spektrum auf, das dem der Sonne sehr ähnlich ist. Das beweist, dass es sich bei den fernen Sternen um Sonnen handelt. Eindeutig ließen sich in den Sternspektren die von der Erde her bekannten Elemente, wie Wasserstoff, Stickstoff und Kohlenstoff, nachweisen.

Mit diesen Entdeckungen war der Weg für die Untersuchung der Sterne geebnet: In deren Licht sind spektrale Botschaften über die Chemie der leuchtenden Sternmaterie verschlüsselt enthalten. Sie müssen nur noch dechiffriert werden. Dies geschieht zum Beispiel durch Vergleich mit Gasen in irdischen Laboratorien. Heutzutage verraten die Spektrallinien den Astronomen noch weit mehr über die Sterne, als nur deren chemische Zusammensetzung. Sie beinhalten auch Informationen über Temperatur und Dichte des Gases sowie über die Geschwindigkeit, mit der sich ein Stern relativ zur Erde bewegt.

Mit Spektrographen ist es möglich, die Natur der Sterne zu ergründen, obwohl wir von ihnen nicht mehr erkennen als einen Lichtpunkt. Dies setzt natürlich voraus, dass die physikalischen Gesetze in den Tausende, Millionen oder gar Milliarden Lichtjahre entfernten Himmelskörpern genauso gelten wie auf der Erde. Bislang gibt es keinen Hinweis darauf, dass dies nicht der Fall ist.

Geburtswehen

Sterne entstehen genau so, wie wir es im Kapitel über die Sonne bereits gelernt haben. Gas und Staub zwischen den Sternen können sich zu großen Wolken zusammenballen.

Überschreitet eine Staubwolke eine bestimmte Größe und Dichte, so zieht sie sich aufgrund der Schwerkraft zusammen. Große Wolken zerbrechen während der Kontraktion in mehrere kleinere Kondensationen. Diese drehen sich um eine Achse und flachen zu einer Staubscheibe ab. Im Zentrum dieser Scheibe verdichtet sich das Gas immer weiter und erhitzt sich dabei. Steigt die Temperatur bis auf einige Millionen Grad an, verschmelzen Wasserstoff-Atomkerne miteinander, wobei Energie frei wird. Der Stern ist entstanden.

Das ist eine stark vereinfachte Darstellung einer Sternengeburt. In Wirklichkeit muss die Natur während der gesamten Entstehungsphase viele Hürden überwinden, die die Geburt des Sterns zu verhindern versuchen. So zieht sich das Gas anfangs langsam zusammen und wird dadurch immer heißer. Das ist ganz ähnlich wie bei einer Luftpumpe, in der man die Luft zusammenpresst, während man das Ventil zuhält. Auch hier wird die Luft heiß. Ein heißes Gas entwickelt aber einen Druck, der die weitere Verdichtung verhindert. Genau das passiert während der Sternentstehung, wenn das Gas etwa 2000 Grad Celsius heiß geworden ist. Die Schwerkraft ist nun nicht mehr stark genug, um die Gaskugel weiter zu verdichten. Doch der Stern ist noch nicht fertig. Was nun?

In dieser Phase greift ein Geburtshelfer ein: molekularer Wasserstoff. Diese aus zwei Wasserstoffatomen (H_2) bestehenden Moleküle rasen zusammen mit allen anderen Molekülen und Atomen mit großen Geschwindigkeiten in der Wolke herum und stoßen häufig zusammen. Bei etwa 2000 Grad sind diese Crashs so heftig, dass die Moleküle in zwei Wasserstoffatome zerbrechen. Dieser Prozess verbraucht aber Energie, und die entnimmt er der Wärme des Gases. Die Folge: Das Gas kühlt sich ab, der Druck sinkt, und die Gaswolke kann sich weiter zusammenziehen.

Ein zweites Problem ist die Drehung der anfänglichen Gaswolke. Je weiter sich diese zusammenzieht, desto schneller dreht sie sich. Irgendwann ist die Zentrifugalkraft so groß wie die Schwerkraft, die den Körper zusammenziehen will: Der Entstehungsprozess kommt zum Stillstand. Astrophysiker sprechen vom Drehimpulsproblem. Der Drehimpuls ist das Produkt aus der Umdrehungsgeschwindigkeit und der Masse eines Körpers. Die Wolke muss sage und schreibe 99,9999 Prozent ihres anfänglichen Drehimpulses auf irgendeine Art und Weise verlieren. Einfach gesagt: Die Drehung muss ganz stark abgebremst werden.

Die Astronomen wissen bis heute nicht genau, auf welche Weise die Natur dieses Problem löst. Vermutlich setzt sie hierfür mehrere Werkzeuge ein. So könnten Magnetfelder als Bremse wirken, auch enge Gasströme kommen dafür in Frage. Diese Jets strömen mit hoher Geschwindigkeit in zwei entgegengesetzte Richtungen vom entstehenden Stern fort. Sie stehen genau senkrecht auf der Staubscheide, die den Stern umgibt. Es ist denkbar, dass diese Gasströme einen Teil des Drehimpulses vom Stern abziehen.

Auf jeden Fall gelingt es Mutter Natur, alle diese Hürden zu überwinden. Sobald im Zentralbereich der sich zusammenziehenden Gaskugel eine Temperatur von einigen Millionen Grad erreicht ist, setzt die Verschmelzung von Wasserstoff zu Helium ein. Dieser Fusionsreaktor brennt nun stabil vor sich hin, sodass das heiße Gas einen gleichbleibenden Druck gegen die Schwerkraft aufbaut. Damit ist der Stern im Gleichgewicht.

In unserer Milchstraße entstehen auf diese Weise jedes Jahr etwa fünf neue Sterne. Das ist eine eher geringe Geburtenrate. Es gibt Galaxien, in denen jährlich mehrere tausend Sterne neu aufleuchten. Interessanterweise verbraucht die Natur dabei gar nicht die gesamte zur Verfügung stehende Materie. Im Durchschnitt bleiben rund neunzig Prozent einer Sternentstehungswolke übrig.

Diese unverbrauchten Reste sind an vielen Stellen in der Milchstraße erkennbar. Das bekannteste, bereits mit bloßem Auge sichtbare Sternentstehungsgebiet haben wir schon kennengelernt: den Orion-Nebel. Sehr beeindruckend sind auch der Trifid- und der Lagunen-Nebel im Sternbild Schütze. Sie sind etwa 5000 Lichtjahre entfernt. Der rötlich schimmernde Trifid-Nebel erhielt seinen Namen aufgrund der scheinbaren Dreiteilung. Tatsächlich handelt es sich jedoch um eine nahezu kugelförmige Gaswolke mit einem Durchmesser von 45 Lichtjahren, durch die sich dichte Staubbänder ziehen. Sie verschlucken das Licht hinter ihnen liegender Sterne und Gaswolken. Der Trifid-Nebel gehört zu den sogenannten Emissionsnebeln, die selbst Licht abstrahlen (emittieren). Angeregt wird das Gas von dem intensiven Ultraviolettlicht naher heißer Sterne, die das Gas bis auf 10 000 Grad aufheizen. Die rote Farbe ist charakteristisch für leuchtenden Wasserstoff.

Unmittelbar nördlich des Trifid-Nebels befindet sich eine bläuliche Wolke. Sie ist ein typischer Vertreter eines Reflexionsnebels. Reflexionsnebel leuchten nicht selbst, sondern ihre winzigen Staubteilchen reflektieren das Licht naher Sterne.

Sterne entstehen überwiegend in großen Gruppen. Im Orion-Nebel befinden sich etwa 700 dieser Babysterne innerhalb eines Gebietes, dessen Durchmesser nicht einmal dem Abstand der Sonne zum nächsten Stern von 4,3 Lichtjahren entspricht. Wie starke Scheinwerfer beleuchten die heißen Sterne ihre Umgebung und verdampfen nach und nach die Staubreste, die aus ihrer Entstehungsphase übrig geblieben sind. Haben sich diese Nebel verflüchtigt, so erstrahlt der Sternhaufen in prächtigem Glanz. Ein Beispiel hierfür sind die Plejaden, die am Winterhimmel östlich des Orion leicht zu finden sind. Man nennt diese Gruppe zwar auch Siebengestirn, tatsächlich besteht sie aber aus mehr als tausend Sternen.

Bausteine des Lebens zwischen den Sternen

Der Weltraum ist extrem lebensfeindlich. Dennoch entstehen in der scheinbaren Leere der Staubwolken komplexe organische Moleküle – Bausteine des Lebens. Möglich ist dies nur durch die astronomisch langen Zeiten, die für chemische Reaktionen zur Verfügung stehen, und die Existenz von winzigen Staubkörnchen. Atome aus dem All setzen sich auf ihren Oberflächen ab und wandern auf ihnen umher. Stoßen sie dabei mit anderen Atomen zusammen, so können sie sich zu einem Molekül verbinden. So funktioniert in der Technik ein Katalysator.

Im Jahre 1937 wiesen Astronomen erstmals im sichtbaren Wellenlängenbereich ein Molekül im Weltraum nach. Es war das Radikal CH. Seitdem haben sie über hundert weitere Moleküle gefunden, darunter komplizierte Verbindungen wie polizyklische aromatische Kohlenwasserstoffe, die sich aus zwei oder mehreren Benzolringen zusammensetzen.

Hartnäckig auf der Spur sind die Astronomen auch einem Molekül namens Glyzin. Es ist die einfachste Aminosäure und Grundbaustein der DNA. In Meteoriten hat man Aminosäuren bereits nachgewiesen. Deswegen vermuten manche Forscher, die Keime des Lebens seien im Innern von Meteoriten oder Kometen auf die Erde gelangt. Beweise für die Hypothese gibt es jedoch nicht.

Die Masse macht's

Sterne treten in großer Vielfalt auf. Sie haben unterschiedliche Temperaturen, Durchmesser und Farben. Aber diese Eigenschaften kommen nicht bunt gemischt vor, sondern folgen einem Schema, wie zu Beginn des 20. Jahrhunderts die beiden Astrophysiker Ejnar Hertzsprung in Dänemark und Henry Noris Russell in den USA feststellten. Sie entdeckten bei der Untersuchung von Sternspektren einen interessanten Zusammenhang. Die Sterne ließen sich nach bestimmten Merkmalen in einige wenige Klassen einteilen, die sie mit den Buchstaben O, B, A, F, G, K und M kennzeichneten. Man kann sich diese Reihenfolge mit den Anfangsbuchstaben der Worte merken: Oh, Be A Fine Girl Kiss Me. Zur feineren Unterteilung werden die einzelnen Spektralklassen noch einmal mit den Ziffern 0 bis 9 bezeichnet.

Das eigentlich Erstaunliche war aber, dass jede Spektralklasse einer bestimmten absoluten Helligkeit entsprach. O-Sterne sind die hellsten, M-Sterne die schwächsten. Als Hertzsprung und Russell die absoluten Helligkeiten in Abhängigkeit von den Spektralklassen in einem Diagramm auftrugen, lagen fast alle Messwerte etwa auf einer schräg im Diagramm liegenden Geraden. Astronomen nennen dies die Hauptreihe. Abseits von ihr tauchten auch ein paar Sterne auf. Sie erhielten später aufgrund ihrer Lage im Diagramm die Bezeichnungen Weiße Zwerge (unten) sowie Überriesen und Riesen (oben). Die Riesen und Überriesen haben wir schon im Zusammenhang mit der zukünftigen Entwicklung der Sonne kennengelernt. Es sind sehr alte Sterne, die sich enorm aufgebläht haben. Was es mit diesen und den anderen Sterntypen auf sich hat, erfahren wir später noch genauer. Unsere Sonne befindet sich übrigens mitten auf der Hauptreihe. Ihr Spektraltyp ist G2, ihre absolute Helligkeit 4.73 mag. Damit ist die Sonne ein absoluter Durchschnittsstern.

Das Hertzsprung-Russell-Diagramm bedeutete einen entscheidenden Durchbruch in der Astronomie, weil man hier eine ungeahnte Gesetzmäßigkeit in der Sternenvielfalt entdeckt hatte. Diese Entdeckung markiert den Beginn der Astro*physik*. Es gibt noch weitere Diagramme, mit denen sich Zusammenhänge zwischen physikalischen Größen von Sternen beschreiben lassen. Im Farben-Helligkeits-Diagramm erkennt man, dass die absolute Helligkeit (oder Leuchtkraft) mit der Farbe eines Sterns von Rot über Gelb und Grün bis Blau zunimmt. Das Temperatur-Helligkeits-Diagramm zeigt, wie die absolute Helligkeit mit der Temperatur steigt. Je heißer ein Stern ist, desto heller leuchtet er.

Diese unterschiedlichen Beziehungen gehen allerdings alle auf eine einzige Ursache zurück: die Masse. Sie bestimmt die äußere Erscheinung des Sterns, seine Lebensdauer und die Art seines Todes. Je schwerer ein Stern ist, desto größer, heißer und leuchtkräftiger ist er. Ein schwerer Stern lebt jedoch nicht so lange wie ein leichter, wie wir noch sehen werden.

Sterne können sehr unterschiedliche Massen aufweisen, aber es gibt Grenzen. So kann ein Stern nicht weniger als sieben Prozent der Sonnenmasse besitzen. Dann wird es nämlich in seinem Zentralgebiet nicht heiß genug, um Wasserstoff zu Helium zu verschmelzen. Am anderen Ende der Skala dürfte bei etwa dem 150-Fachen der Sonnenmasse Schluss sein. Vergleicht man dies mit uns Menschen und nimmt an, dass ein Durchschnittsmensch 75 Kilogramm wiegt, dann brächte der schwerste Mensch mehr als elf Tonnen auf die Waage – doppelt so viel wie ein Elefant.

Das Höchstgewicht für Sterne baut sich bereits in der Entstehungsphase auf. Wenn ein extrem massereicher Stern heranwächst, dann sammelt er ständig Gas aus der Umgebung auf. Irgendwann ist der Druck des ausgestrahlten Lichts so groß, dass dieser die einfallende Materie wegschiebt. Der Stern verhindert also selbst sein Wachstum. Diese Bremse setzt bei etwa 150 Sonnenmassen ein.

Welcher Stern die Liste der Megasonnen anführt, ist nicht abschließend geklärt. Ein Kandidat ist Eta Carinae, ein rund 100 Sonnenmassen schwerer, 8000 Lichtjahre entfernter Sternriese im Sternbild Carina (Kiel des Schiffes). Er leuchtet 4,7 Millionen Mal heller als die Sonne und ist damit auch das leuchtkräftigste bekannte Gestirn in der Milchstraße. Es strahlt in sieben Sekunden so viel Energie ab wie unsere Sonne in einem Jahr.

Eta Carinae ist von einem Nebel umgeben, der die Folge von mehreren Helligkeitsausbrüchen ist. Bei einer solchen Eruption im 19. Jahrhundert hat der Stern eine kohlenstoffreiche Gashülle abgestoßen, die sich nun mit 700 Kilometern pro Sekunde ausbreitet. Diesen Ausbruch hat der britische Astronom John Herschel im Jahre 1837 von Südafrika aus beobachtet. Herschel bemerkte, wie Eta Carinae langsam immer heller wurde. Sechs Jahre später war er nach Sirius der zweithellste Stern am Himmel. Dann wurde er wieder schwächer und ist heute als Stern siebter Größe mit bloßem Auge nicht mehr sichtbar. Eta Carinae hat den größten Teil seines Brennstoffs verbraucht, befindet sich in seinem Endstadium und wird in ferner Zukunft als Supernova explodieren. Dann wird er das hellste Gestirn am Nachthimmel sein.

Eta Carinae ist allerdings nicht der größte Stern in unserer Milchstraße. Um den Rang streiten sich die Überriesen VY Canis Majoris und VV Cephei A. Sie haben einen 2600- beziehungsweise 1900-mal größeren Radius als die Sonne. Stünde VY Canis Majoris im Zentrum unseres Sonnensystems, so würde er über die Saturnbahn hinausreichen.

Im Land der Braunen Zwerge

Damit ein Stern die Wasserstofffusion zünden kann, muss er mindestens sieben Prozent der Masse unserer Sonne besitzen. Planeten hingegen bringen weniger als etwa ein Prozent der Sonnenmasse auf die Waage. In dem schmalen Bereich dazwischen existieren die Braunen Zwerge. Sie entstehen vermutlich auf dieselbe Art und Weise wie Sterne, können aber nicht so schwer werden. Warum das so ist, wissen die Astronomen nicht genau. Vielleicht sind die Staubwolken, in denen sie geboren werden, nicht groß genug.

Braune Zwerge sind aber in der Lage, kurz nach ihrer Entstehung einige zehn Millionen Jahre lang Schweren Wasserstoff (Deuterium) zu Helium zu verbrennen. Im Gegensatz zu normalem Wasserstoff, bei dem der Atomkern nur ein einziges Proton enthält, besteht der Deuteriumkern aus einem Proton und einem Neutron. Wenn das Deuterium aber verbraucht ist, setzt das Fusionskraftwerk aus. Der Braune Zwerg glüht langsam aus und wird immer dunkler.

Astrophysiker hatten schon früh die Existenz solcher Himmelskörper vorhergesagt, konnten sie aber wegen ihrer Lichtschwäche lange Zeit nicht auffinden. Es dauerte über dreißig Jahre, bis 1995 ein amerikanisches Astronomenteam erstmals fündig wurde.

Seitdem sind mehrere Hundert weitere Braune Zwerge hinzu gekommen. Das ist nur die Spitze des Eisberges, denn allein in unserem Milchstraßensystem werden einige zehn Milliarden Braune Zwerge vermutet.

Braune Zwerge sind kurz nach ihrer Entstehung – abhängig von ihrer Masse – rund 2500 Grad Celsius heiß, danach kühlen sie langsam aus. Der kühlste bekannte Braune Zwerg ist nur etwa 350 Grad Celsius warm. Das unterscheidet diese Himmelskörper deutlich von Sternen, die mit ihrer Kernfusion über Jahrmilliarden hinweg eine etwa gleich bleibende Temperatur aufrechterhalten. Aber Astronomen haben bei einem jungen Braunen Zwerg mit der Bezeichnung CFHT BD-Tau 4 Infrarotstrahlung gemessen, die vermutlich von einer sie umgebenden Staubscheibe stammt. Damit kam die Frage auf, ob Braune Zwerge auch Planeten besitzen können. Tatsächlich ist dies möglich.

Bei dem 190 Lichtjahre entfernten Braunen Zwerg 2M1207 fanden Astronomen mit dem Weltraumteleskop Hubble im Jahre 2004 einen lichtschwachen Begleiter. Er ist etwa fünfmal schwerer als Jupiter und umkreist den Braunen Zwerg in 46 AE Entfernung. Leben existiert auf diesem Himmelskörper mit großer Wahrscheinlichkeit nicht. Dafür ist es dort zu kalt, und wahrscheinlich handelt es sich um einen Gasplaneten, ähnlich wie Jupiter oder Saturn.

Die leichtesten Braunen Zwerge haben etwa ein Hundertstel der Sonnenmasse. Damit liegt der Massenbereich dieser Himmelskörper zwischen etwa 13 und 75 Jupitermassen. Die untere Abgrenzung zu den Planeten und die obere zu den Sternen lässt sich nicht ganz exakt festlegen, zumal sie auch ein wenig von der chemischen Zusammensetzung des jeweiligen Himmelskörpers abhängt.

Wo wohnt ET?

Gibt es auf fernen Planeten andere Lebwesen, oder sind wir allein im Universum? Diese Frage beschäftigt die Menschen seit mehr als zwei Jahrtausenden. Die Entdeckung außerirdischer Lebewesen und vor allem einer fremden Zivilisation wäre vielleicht das größte Ereignis unserer Geschichte. Im antiken Griechenland gab es bereits Gelehrte, die von der Existenz Außerirdischer überzeugt waren, heute lebt die gesamte Science-Fiction-Literatur von Spekulationen über Klingonen und Vulkanier, die sich in fernen Winkeln der Milchstraße aufhalten.

Wir können uns Leben nur auf der Basis komplexer organischer Moleküle vorstellen. Damit diese entstehen und sich zu Zellen weiterentwickeln können, muss nach unserem Wissen vor allem flüssiges Wasser vorhanden sein, in dem die chemischen Reaktionen ablaufen. Damit muss es auf einem Planeten Regionen geben, in denen zumindest über eine längere Dauer eines Jahres die Temperaturen in einem erträglichen Bereich zwischen null und hundert Grad Celsius liegen. Der Abstandsbereich, in dem ein Planet um seinen Stern kreisen muss, damit diese Bedingung erfüllt ist, nennen Astronomen die bewohnbare Zone. Unklar ist, ob Licht als Energiespender unbedingt nötig ist.

Niemand weiß, ob auf Planeten, die ferne Sterne umkreisen, Leben existiert. Bis vor Kurzem wussten die Astronomen nicht einmal, ob es solche extrasolaren Planeten, auch kurz Exoplaneten genannt, überhaupt gibt. Das änderte sich Ende 1995, als die beiden Schweizer Astronomen Michel Mayor und Didier Queloz vom Observatorium Genf den ersten Exoplaneten entdeckten. Er umkreist den fünfzig Lichtjahre entfernten Stern 51 Pegasi. Doch was für ein Planet ist das? Er ist etwa halb so schwer wie unser Jupiter und umkreist seinen Stern innerhalb von etwa vier Tagen in einem Abstand von nur 0,05 AE, also nicht einmal acht Millionen Kilometern. Damit dürfte auf ihm eine Temperatur von rund tausend Grad Celsius herrschen. Leben, wie wir es kennen, ist dort undenkbar.

Seit der bahnbrechenden Entdeckung von Mayor und Queloz haben Astronomen weltweit bis Ende 2008 mehr als 330 Exoplaneten entdeckt. Darunter sind mehr als dreißig Systeme mit mindestens zwei Planeten. Bei dem 44 Lichtjahre entfernten Stern 55 Cancri im Sternbild Krebs wurden sogar fünf Planeten entdeckt. Dieser Stern ähnelt stark unserer Sonne, aber vermutlich herrschen auf keinem seiner Begleiter lebensfreundliche Bedingungen. Das Gleiche gilt für alle anderen bekannten Exoplaneten, bei denen es sich fast ausschließlich um Gasplaneten handelt, die vermutlich Jupiter und Saturn ähneln.

Interessanter erscheint der zwanzig Lichtjahre entfernte Stern Gliese 581 im Sternbild Waage, bei dem drei Planeten gefunden wurden. Gliese 581 ist ein Roter Zwergstern, der nur ein Drittel der Sonnenmasse und etwa ein Hundertstel der Sonnenleuchtkraft besitzt. Ein Planet muss diesen Stern in geringem Abstand umkreisen, wenn es auf ihm angenehm warm sein soll. Einen solchen Planeten gibt es dort. Er ist etwa achtmal schwerer als die Erde, könnte aus Gestein bestehen, und hält sich mit einem Abstand von 0,25 AE am äußeren Rand der bewohnbaren Zone auf. Das garantiert aber noch nicht lebensfreundliche Bedingungen. Zum einen ist unbekannt, ob der Planet eine Atmosphäre besitzt. Zum anderen haben Gezeitenkräfte wegen des geringen Abstandes vermutlich dafür gesorgt, dass der Planet seinem Stern stets dieselbe Seite zuwendet. Damit wäre es auf der einen Hemisphäre immer Nacht und kalt, und auf der anderen immer Tag und warm.

Bislang lassen sich die Exoplaneten nicht direkt beobachten, weil ihr Zentralstern sie auf allen Aufnahmen überstrahlt. Erst im November 2008 gelang dies erstmals. Die meisten dieser Körper findet man, weil die Planeten bei ihrem Umlauf mit der Schwerkraft an ihrem Stern ziehen. Der vollführt deswegen eine leichte Kreisbewegung aus, die sich in seinem Spektrum verrät. Einige Exoplaneten hat man auch gefunden, weil sie bei jedem Umlauf vor ihrem Stern vorbeilaufen und in dieser Phase dessen Licht leicht abschwächen. Exoplaneten werden also fast immer nur indirekt nachgewiesen. Derzeit arbeiten Astronomen weltweit an neuen Instrumenten, mit denen sie die unsichtbaren Begleiter direkt beobachten können.

Seit Jahrzehnten suchen Astronomen zudem mit großen Radioteleskopen die Milchstraße nach Signalen von Außerirdischen ab. Wie stehen die Erfolgschancen, je Kontakt aufzunehmen? Niemand weiß darauf eine Antwort, aber man kann dazu ein paar Überlegungen anstellen.

In der Milchstraße gibt es etwa 100 Milliarden Sterne. Einige von ihnen sind so massereich, dass sie bereits nach einigen Millionen oder hundert Millionen Jahren ihren Kernbrennstoff verbraucht haben und explodieren. Diese Zeitspanne reicht nicht aus, damit sich auf einem Planeten Leben bis zu einer technischen Zivilisationsstufe entwickeln kann. Einige Doppel- und Mehrfachsysteme scheiden ebenfalls aus, weil es in ihnen keine stabilen Umlaufbahnen für Planeten gibt. Von den verbleibenden etwa zwanzig Milliarden Sternen könnten nach derzeitigen Beobachtungen jeder zehnte, also zwei Milliarden, Planetensysteme besitzen.

Selbst wenn in jedem dieser Planetensysteme Lebewesen entstanden sein sollten, so wären diese heute auf völlig verschiedenen Entwicklungsstufen. Auf einigen Planeten gäbe es lediglich Algen, auf anderen nur Pflanzen, auf einigen auch weit entwickelte Wesen. Einige Zivilisationen werden sich womöglich in einer Phase befinden, in der sie Funksignale aussenden. Will man wissen, wie viele dieser Zivilisationen derzeit senden, muss man die Sendedauer durch die Lebensdauer des Sterns von etwa zehn Milliarden Jahren teilen und diesen Bruchteil mit der Anzahl der existierenden Planeten multiplizieren.

Angenommen, die Sendedauer beträgt eine Million Jahre (was etwa der Zeitdauer entspricht, in der es Menschen gibt!), so würden derzeit von insgesamt 200 000 Planeten Botschaften ins All gefunkt. Der Abstand zwischen zwei Zivilisationen in der Milchstraße betrüge dann durchschnittlich mehrere hundert Lichtjahre. Bei einem kosmischen Gespräch zwischen den Außerirdischen und uns würden zwischen Frage und Antwort auch mehrere hundert Jahre vergehen – und das in dem äußerst optimistischen Fall, dass in jedem Planetensystem Leben entstanden ist.

Verringert man in diesem Gedankenspiel die Sendedauer auf 10 000 Jahre und den Anteil von lebentragenden Planeten auf jedes zehnte Planetensystem, so würden in der gesamten Milchstraße heute 200 Zivilisationen Botschaften ins All funken, die durchschnittlich 10 000 Lichtjahre voneinander entfernt sind.

Doch das ist alles nur Zahlenspielerei, denn wir wissen nicht, ob auf einem Planeten, auf dem nach unseren Vorstellungen ideale Bedingungen herrschen, zwangsläufig auch Leben entstehen muss oder ob auf der Erde noch unwahrscheinliche Zufälle eine entscheidende Rolle gespielt haben. Eines aber scheint sicher. Wenn es den Menschen oder anderen Zivilisationen nicht gelingt, die Lichtgeschwindigkeit als größtmögliche Fortbewegungsgeschwindigkeit zu übertreffen, wird es nie zu einem direkten Kontakt zweier galaktischer Zivilisationen kommen.

Ein Stern ist nicht gern allein

Unsere Sonne ist ein Einzelstern. Damit gehört sie eher zu einer Minderheit, denn mehr als die Hälfte aller Sterne befindet sich in einem Doppel- oder Mehrfachsystem, in dem sich zwei oder mehr Sterne umkreisen. Diese Paare formieren sich bereits in der Entstehungsphase. Wenn eine große Staubwolke sich wie eingangs beschrieben zusammenzieht, zerfällt sie in viele Unterwolken, aus denen dann die Sterne entstehen. Einige dieser Unterwolken zerfallen dann noch einmal, können aber aneinandergebunden bleiben, wenn ihre Schwerkraft dafür ausreicht. Schon während der Entstehungsphase umkreisen sich in einem solchen Fall zwei oder mehrere Staubklumpen, aus denen dann mehrere Sterne werden.

Sternen geht es in mancher Hinsicht ähnlich wie Zwillingen oder Drillingen beim Menschen. Bei beiden gibt es keine Garantie dafür, dass sie auf ewig zusammenbleiben. Gerade wenn Sterne in dichten Ansammlungen entstehen, können sie sich sehr nahekommen. Dann ist es möglich, dass ein

Zwilling von der Schwerkraft eines vorbeiziehenden Sterns herausgerissen wird.

Doppelsterne haben zum Teil sehr exotische Eigenschaften. Die Abstände der Paare schwanken zwischen einigen Sternradien und 10 000 Astronomischen Einheiten. In sehr engen Systemen strömt mitunter Materie von einem Stern zum anderen hinüber, was zu explosiven Vorgängen führen kann. Schauen wir uns einmal einige Eigenschaften und Extrembeispiele an.

Doppelsterne, deren Größe der Umlaufbahnen und Umlaufzeiten sich direkt bestimmen lassen, sind für die Astronomen wichtig, weil sie aus diesen Messwerten die Massen der beiden Körper ermitteln können. Beispiele hierfür sind der mit bloßem Auge sichtbare nächste Stern Alpha Centauri oder der hellste Stern Sirius.

Blickt man von der Seite auf die Bahnebene eines Doppelsystems, so bedecken sich die beiden Komponenten regelmäßig gegenseitig. Während einer Bedeckung sinkt die scheinbare Helligkeit, denn wenn die beiden Sterne nebeneinanderstehen, empfangen wir das Licht beider Sterne. Stehen sie hintereinander, so fehlt das Licht des verdeckten Sterns. Bei solchen Bedeckungsveränderlichen variiert die Helligkeit also periodisch. Aus der Bedeckungsdauer lassen sich die Durchmesser der Sterne ermitteln. Durch direkte Beobachtung ist dies nicht möglich, da alle Sterne durch ein Fernrohr punktförmig erscheinen. Nur mit einer besonderen Beobachtungstechnik, der Interferometrie, lassen sich bei einigen Riesensternen die Durchmesser direkt messen.

Es gibt Mehrfachsysteme mit bis zu sechs Komponenten. Interessant ist der 51 Lichtjahre entfernte Stern Castor, der zweithellste Stern im Sternbild Zwillinge. Mit bloßem Auge erscheint er uns als heller Einzelstern erster Größe. Mit einem Fernohr erkennt man zwei Komponenten, die sich in 420 Jahren einmal umkreisen. Nimmt man zusätzlich Spektren dieser beiden Sterne auf, so erkennt man in der Erscheinung der darin befindlichen Fraunhofer-Linien periodische Veränderungen. Sie haben ihre Ursache darin, dass die beiden Hauptsterne jeweils einen Begleiter mit Umlaufzeiten von wenigen Tagen besitzen. Außerdem gehört zu diesem Vierersystem ein sehr weit entfernter Stern mit der Bezeichnung YY Geminorum. Wegen des großen Abstandes von 1100 Astronomischen Einheiten benötigt er für einen Umlauf um die vier Castor-Sterne rund 10 000 Jahre. Es war deshalb ein langes Studium seiner Bewegung nötig, um seine Zugehörigkeit zu diesem Quartett zu klären. Zudem besteht YY Geminorum aus zwei Sternen, die sich in nur 19,5 Stunden umkreisen. Das macht Castor zu einem ungewöhnlichen Sechsergespann. Dieser Fall demonstriert, dass es genauso schwierig sein kann, extrem enge wie auch extrem weite Paare zu entdecken.

Sintflut auf dem Nachbarstern

Wenn zwei Menschen für längere Zeit auf engem Raum eingesperrt sind, führt das meist zu Auseinandersetzungen. Bei engen Doppelsternen ist das ähnlich. Wenn sich zwei Sterne in sehr geringem Abstand umkreisen, dann streiten sie sich um ihre Materie. Wie wir schon in dem Kapitel über die Sonne gesehen haben, blähen sich Sterne in einer späten Entwicklungsphase auf. Dann kann es passieren, dass der wachsende Riesenstern seinen Partner vereinnahmt und beide einander in einer gemeinsamen Gashülle umkreisen und zudem Gas vom leichteren zum schwereren der beiden Zwillinge hinüberströmt. Astronomen sprechen dann von einem symbiotischen Stern. Das Wort stammt aus der Biologie, wo man unter Symbiose das Zusammenleben von Lebewesen versteht. Astronomen schätzen, dass es in der Milchstraße etwa 20 000 symbiotische Sterne gibt.

Was in solchen Fällen genau passiert, hängt vom gegenseitigen Abstand, der Entwicklungsstufe und – wieder einmal – von den Massen der beiden Sterne ab. Eine Gruppe, die man nach seinem ersten bekannten Vertreter Z-Andromedae-Sterne nennt, besteht aus einem Riesenstern und einem heißen kleineren Stern, der von seinem Begleiter Materie absaugt. Das Gas sammelt sich zunächst in einer Scheibe um den heißen Stern herum an und fällt von dort aus auf ihn hinunter. Ursache für die Scheibe ist ein Schwung der Materie, den diese aus der Umdrehung des Riesensterns mitbekommt.

Der Materieklau bleibt nicht ohne Folgen. Zum einen bildet sich an der Stelle, wo der Materiestrom auf die Scheibe stößt, eine heiße Kollisionszone. Bei zu starkem Nachschub kann sich dieses Gebiet unvermittelt erhitzen, was zu einer Explosion und einem Helligkeitsausbruch führt. Zum anderen kann der heiße Stern, auf den das Gas wie in einem Wasserfall hinunterstürzt, kurzzeitig instabil werden und aufleuchten. Sterndoppel, in denen Gasaustausch solche Folgen hat, werden kataklysmische Veränderliche genannt. Diese Bezeichnung geht auf das griechische Wort kataklysmos zurück, was zu Deutsch etwa Sintflut oder Katastrophe bedeutet.

Eine Untergruppe der kataklysmischen Veränderlichen sind Novae. Der Begriff ist sehr alt und wurde von Astronomen für Sterne eingeführt, die plötzlich an Himmelsorten aufleuchteten, wo vorher kein Stern zu sehen gewesen war. Nova stella heißt neuer Stern. In Wirklichkeit sind es alte Sterne, auf deren Oberfläche Gas explodiert. Wieder handelt es sich um Doppelsternsysteme, in denen eine Komponente ein Weißer Zwerg ist. Das ist ein ausgebrannter Stern, der etwa so groß ist wie die Erde. Der saugt von einem Begleitstern Materie ab. Das Gas sammelt sich zunächst wieder in einer Scheibe um den Weißen Zwerg an und stürzt von dort auf die Oberfläche hinunter. Dort baut sich nach und nach eine Wasserstoffatmosphäre auf. An deren Boden steigen Druck und Temperatur langsam an, weil aus der Scheibe immer mehr Wasserstoffgas nachströmt. Überschreiten Druck und Temperatur eine bestimmte Grenze, so explodiert die Gasatmosphäre wie eine gigantische Wasserstoffbombe und wird als Hülle abgestoßen. Diese Hüllen lassen sich später beobachten, wie im Fall der Nova V1974 Cygni. Ein Stern steigert seine Helligkeit bei einer Nova um bis zu zwölf Größenklassen, also um das 60 000-Fache.

Da die beiden Sterne dabei nicht zerrissen werden, kann das vorherige Spiel von Neuem beginnen, und nach tausend bis einer Million Jahren ein neuer Nova-Ausbruch stattfinden. Wie wir später noch sehen werden, kann ein Weißer Zwerg unter bestimmten Umständen bei einer Explosion auch vollständig zerstört werden. Es gibt außerdem Nova-Typen, bei denen die Explosionen in kürzeren Abständen erfolgen. So hat man bei dem Stern T Pyxides seit 1890 fünf Ausbrüche beobachtet.

In sehr engen Doppelsternsystemen kommt es also zu Explosionen und Helligkeitsausbrüchen. Sie zählen zur großen Gruppe der veränderlichen Sterne, kurz auch einfach Veränderliche genannt. Es gibt aber auch Einzelsterne mit schwankender Helligkeit. In den meisten Fällen kommt dies dadurch zustande, dass die Sterne sich rhythmisch ausdehnen und zusammenziehen. Häufige Vertreter sind RR-Lyrae- und P-Cygni-Sterne.

Kinder- und Altenheime der Sterne

In Doppel- und Mehrfachsystemen sind die Partner durch ihre Schwerkraft aneinandergebunden. Es gibt aber auch große Sternansammlungen, in denen sich die Mitglieder unabhängig voneinander bewegen. Ein solcher Sternhaufen ist die sichtbare Folge der Entstehung vieler Sterne im Innern einer großen Wolke.

Die Astronomen kennen in unserer Milchstraße rund hundert sogenannte Sternassoziationen mit jeweils zehn bis tausend Mitgliedern und Durchmessern zwischen 100 und 600

Lichtjahren. Diese Verbände lösen sich nach einigen Millionen Jahren auf.

Kleiner als Assoziationen, aber mit ebenso vielen Sternen, sind offene Sternhaufen, von denen rund tausend zu sehen sind. Sie sind zwischen fünf und sechzig Lichtjahren groß und bestehen aus maximal einigen tausend Mitgliedern. Sie können einige hundert Millionen Jahre alt werden, bevor sie sich auflösen. Zu den bekanntesten offenen Sternhaufen zählen die Plejaden, Praesepe und der Doppel-Sternhaufen h und chi Persei.

Assoziationen und offene Sternhaufen beinhalten also junge Sterne und befinden sich in der Ebene der Milchstraße, bevorzugt in den Spiralarmen. Von gänzlich anderer Natur sind die Kugelsternhaufen. Sie sind, wie ihr Name schon sagt, kugelrund, besitzen Durchmesser zwischen fünfzig und 500 Lichtjahren und beinhalten zwischen zehntausend und einigen zehn Millionen Sternen. Wenn man die Assoziationen und offenen Sternhaufen als Kindergärten der Sterne ansieht, dann sind die Kugelsternhaufen die Altenheime. Einige von ihnen gelten als die ältesten Objekte im Universum. Sie sind gemeinsam oder vielleicht sogar schon vor der Milchstraße entstanden. Sie befinden sich nicht in der Ebene der Milchstraße, sondern umkreisen diese auf weiten Bahnen. Rund 150 Kugelhaufen sind derzeit bekannt, die die Milchstraße umgeben. Die hellsten unter ihnen, wie M 13 im Sternbild Herkules, sind mit bloßem Auge sichtbar.

Der größte Kugelsternhaufen ist der 17 000 Lichtjahre von uns entfernte Omega Centauri. Mit einem Durchmesser von 150 Lichtjahren erscheint er uns am Himmel etwa so große wie der Mond. Um seine vollen Ausmaße wahrnehmen zu können, muss man ihn allerdings mit einem Fernrohr fotografieren. Im Zentrum dieses Haufens stehen die Sterne so dicht beieinander, dass man sie gar nicht mehr einzeln wahrnehmen kann. In einem Würfel mit einem Lichtjahr Kantenlänge befinden sich etwa 180 Sterne. Das entspricht einer 80 000-mal höheren Sterndichte als in der Sonnenumgebung. In dem Kugelsternhaufen 47 Tucanae ist die Sterndichte noch etwa zehnmal höher.

Dieses Sternengewimmel hat kuriose Folgen. Hin und wieder kommen sich zwei Sterne so nahe, dass sie sich mit ihrer Schwerkraft zu einem Doppelsystem zusammenfinden. In Extremfällen können zwei Sterne sogar frontal zusammenstoßen und sich vereinigen. Solche kosmischen Kollisionen könnten die Existenz von blauen, heißen Sternen erklären, die man in einigen Kugelsternhaufen entdeckt hat. Sie wirken sehr jung und passen deshalb nicht in die alte Generation der Kugelsternhaufen. Man nennt sie Blaue Nachzügler (Englisch: blue straggler), weil sie den Eindruck erwecken, sie seien später entstanden als die anderen Mitglieder. Doch das erscheint ausgeschlossen, weil Kugelsternhaufen kein Gas und Staub enthalten, aus denen Sterne entstehen könnten. Die meisten Astronomen vermuten deshalb, dass die Blauen Nachzügler Produkte von Sternzusammenstößen sind. Diese „neuen“ Sterne sind schwerer und heißer als ihre Vorfahren und wirken deshalb jünger.

Die meiste Zeit seines Lebens brennt ein Stern ruhig vor sich hin und erzeugt ununterbrochen Energie durch Kernfusion. In dieser Phase befindet er sich im Hertzsprung-Russell-Diagramm auf der Hauptreihe. Doch irgendwann ist der Brennstoff in seinem Innern verbraucht. Von diesem Zeitpunkt an steuert er auf sein Ende zu. Das kann sehr unterschiedlich aussehen, ist aber in jedem Fall spektakulär. Was genau mit ihm passiert, und warum wir Menschen aus „Sternenstaub" bestehen, erfahren wir im nächsten Kapitel.

Eine Nacht in Omega Centauri

Die Zentren von Kugelsternhaufen sind kein geeigneter Aufenthaltsort für Sterne mit Planetensystemen. Die Sterne begegnen sich dort häufig und katapultieren mit ihrer Schwerkraft Planeten aus ihrem System heraus. Dennoch ist es reizvoll, sich vorzustellen, wie der Sternenhimmel eines Planeten aussähe, der sich beispielsweise im Zentrum von Omega Centauri befindet.

Dort stünden die Sterne dicht an dicht, viele wären so hell wie die Venus oder Sirius. Vermutlich würden Lebewesen angesichts dieses Lichtergetümmels nicht auf die Idee kommen, Sternbilder zu schaffen. Nachts würden die Sterne ein Dämmerlicht erzeugen, ähnlich dem in einer Vollmondnacht. Das würde aber auch bedeuten, dass die Astronomen kaum eine Chance hätten, ferne lichtschwache Galaxien zu beobachten. Die vielen Sterne würden sie hoffnungslos überstrahlen. Lediglich eine Galaxie würden sie deutlich erkennen: die Milchstraße. Wie ein riesiges Feuerrad würde sie das halbe Firmament einnehmen. Eine faszinierende, vielleicht aber auch bedrohliche Vorstellung.

5. Sind Schwarze Löcher hohl? Lebenslauf und Tod der Sterne

Der Anblick unserer Sonne und der glitzernden Sterne vermittelt uns den Eindruck einer auf ewig unveränderlichen und unvergänglichen Welt. Doch der Schein trügt. Auch Sterne müssen einmal sterben. Sie leben jedoch nach menschlichen Maßstäben fast unendlich lange. Die Lebensdauer hängt von der Masse ab: Je schwerer ein Stern ist, desto verschwenderischer geht er mit seinem Brennstoff um und desto schneller vergeht er. Die Sonne wird, wie wir schon gesehen haben, etwa elf Milliarden Jahre alt werden. Ein massereicher Stern mit zwanzig Sonnenmassen hingegen hat sein Pulver schon nach wenigen Millionen Jahren verschossen. Ein kleiner Stern, der nur etwa halb so schwer ist wie die Sonne, kann über 15 Milliarden Jahre alt werden. Deshalb gibt es noch Sterne, die kurz nach dem Urknall entstanden sind. Was passiert nun am Ende eines Sternenlebens?

Die meisten Sterne enden sehr spektakulär. Die großen unter ihnen zerreißt es fast vollständig in gigantischen Explosionen, wonach sie als extrem kompakter Neutronenstern oder als Schwarzes Loch ihr Dasein fristen. Andere blähen sich enorm auf, beginnen rhythmisch zu pulsieren und stoßen ihre äußeren Schichten ins Weltall ab. Zu jenen Sternen gehört auch unsere Sonne. Sie enden als Weiße Zwerge und sind von leuchtenden Gashüllen umgeben, die weithin als sogenannte Planetarische Nebel sichtbar sind. Schauen wir uns das Endstadium eines Sterns wie der Sonne genauer an.

So lange im Zentralbereich Wasserstoff zu Helium verschmilzt, ist alles in Ordnung. Wegen der enormen Hitze von fast 16 Millionen Grad will sich das Gas ausdehnen. Diesem nach außen gerichteten Druck wirkt jedoch die Schwerkraft entgegen: Sie will die Sonne zusammenziehen. Beide Kräfte halten sich genau die Waage. Nach etwa zehn Milliarden Jahren ist der Wasserstoff verbraucht. Die Energieproduktion setzt aus, und der Kernbereich kühlt sich ab. Jetzt gewinnt die Schwerkraft die Überhand. Sie drückt den Kernbereich zusammen, der sich als Folge davon erhitzt. Ist eine Temperatur von etwa hundert Millionen Grad erreicht, so können nun Helium-Atomkerne zu Kohlenstoff und Sauerstoff verschmelzen. Die Sonne hat eine neue Energiequelle gefunden, was ihr Leben verlängert.

Da der Kernbereich nun so heiß ist, umgibt ihn eine schalenförmige Region, in der die Temperatur hoch genug ist, um dort unverbrauchten Wasserstoff zu Helium zu verschmelzen. Gleichzeitig dehnt sich die äußere Hülle stark aus. Die Sonne wird zum Roten Riesen und erreicht fast die Erdbahn.

Schließlich ist auch das Helium im Kernbereich erschöpft. Die Energieproduktion setzt aus, der Kernbereich schrumpft. Jetzt wird der gesamte Stern instabil und beginnt zu pulsieren, was dazu führt, dass er seine äußere Hülle in den Weltraum gewissermaßen „hinaushustet". Mit etwa 70 000 Kilometern pro Stunde dehnt sich die Gashülle aus. In dieser einige tausend Jahre andauernden Phase verliert die Sonne ungefähr ein Drittel ihrer gesamten Masse und legt dabei ihren Zentralbereich frei, der überwiegend aus Kohlenstoff und Sauerstoff besteht. Sie zieht sich sozusagen bis auf die Unterwäsche aus.

Der Kernbereich schrumpft weiter und heizt sich gewaltig auf. An der Oberfläche herrschen Temperaturen von bis zu 200 000 Grad, was dazu führt, dass der Stern erneut seine äußere Gashülle in den Weltraum abbläst. Dieses Mal allerdings als noch schnelleren Teilchenwind, der sich mit mehr als einer Million Kilometern pro Stunde ausdehnt.

Dies ist die letzte Tat des vergehenden Sterns, der die Hälfte seiner Anfangsmasse verloren hat und nun langsam als Weißer Zwerg auskühlt. Eine solche Sternleiche besitzt eine extrem hohe Dichte: Auf der Erde würde ein Stück davon mit der Größe eines Zuckerwürfels eine Tonne wiegen. Da ein Weißer Zwerg keine Energie mehr produziert, kühlt er langsam aus und wird immer lichtschwächer. Nach einigen zehn Milliarden Jahren ist er im sichtbaren Licht nicht mehr wahrnehmbar. Er ist zum Schwarzen Zwerg geworden.

Die Elementfabriken

Ist im Innern eines Sterns der Wasserstoff verbraucht, so versiegen zunächst die Kernreaktionen. Der Stern beginnt zu schrumpfen, die Temperatur steigt an. Dies ermöglicht es nun, dass auch schwerere Atomkerne miteinander verschmelzen. Bei Sternen mit weniger als etwa sechs Sonnenmassen geht der Elementaufbau bis zum Kohlenstoff. Bei noch schwereren Sternen steigen die Temperaturen so weit an, dass auch Elemente bis zum Eisen entstehen. Der Aufbau schwerer Elemente vollzieht sich stufenweise:

- ab 100 Millionen Grad: Heliumkerne verschmelzen zu Beryllium, Kohlenstoff und Sauerstoff.
- ab 500 Millionen Grad: Kohlenstoffkerne verschmelzen zu Magnesium.
- ab 1,4 Milliarden Grad: Sauerstoffkerne verschmelzen zu Schwefel.
- ab 2 Milliarden Grad: Siliziumkerne verschmelzen zu Eisen.

Die Gashüllen, die der alternde Stern ins All abgeblasen hat, sind noch lange Zeit als Planetarische Nebel erkennbar. Sie sind gewissermaßen leuchtende Zeugen des einstigen kosmischen Todeskampfes. Die Astronomen kennen heute in unserer Milchstraße etwa 1500 dieser Gaswolken, wahrscheinlich

gibt es aber über zehnmal mehr von ihnen. Die Planetarischen Nebel besitzen unterschiedliche Formen, was die Forscher dazu verleitet, ihnen sehr anschauliche und teilweise auch recht humorvolle Namen zu geben. Da gibt es Eskimo- und Eulen-Nebel, Sanduhr- und Katzenaugen-Nebel sowie Ring- und Hantel-Nebel.

Die irreführende Bezeichnung Planetarische Nebel stammt aus einer Zeit, als die Astronomen die wahre Natur der Gaswolken noch nicht kannten. Mit Planeten haben sie nichts zu tun. Im Jahre 1779 entdeckte der französische Astronom Antoine Darquier den Ring-Nebel im Sternbild Leier und verglich ihn wegen dessen runder Form mit einem Planeten. Friedrich Wilhelm Herschel führte daraufhin sechs Jahre später den Begriff Planetarischer Nebel ein. Erst in den 1920er Jahren gelang es, von einigen Planetarischen Nebeln Spektren aufzunehmen und die chemische Zusammensetzung zu erforschen.

Planetarische Nebel faszinieren wegen ihrer Schönheit. Gleichzeitig spiegeln sie die letzten Entwicklungsphasen ihres Sterns wider. Ein Musterbeispiel hierfür ist der 3000 Lichtjahre entfernte Ei-Nebel im Sternbild Schwan. Er weist zahlreiche konzentrisch um den Zentralstern herum angeordnete Ringe auf. Außerdem gehen zwei v-förmige Strahlen in entgegengesetzte Richtungen vom Mittelpunkt aus.

Bei den Ringen handelt es sich um kugelförmige Wolken, die der Stern in Abständen von etwa hundert Jahren abgestoßen hat. Der heiße Zentralstern erhitzt das Gas darin und regt es zum Leuchten an. Die v-förmigen Strahlen kommen dadurch zustande, dass Sternlicht nur in zwei Richtungen in den Weltraum entweichen kann und das umgebende Gas anstrahlt. Ursache dieses Schweinwerfer-Effekts ist eine Staubscheibe, die sich um den Stern angesammelt hat. Wir blicken genau auf die Kante der Scheibe, und das Licht kann nur durch zwei Öffnungen oberhalb der Sternpole entweichen.

Mit fortschreitendem Alter verdünnt sich das Gas in den sich ausdehnenden Planetarischen Nebeln immer mehr. Nach einigen zehntausend Jahren haben sie Durchmesser von einigen Lichtjahren erreicht und sind dann bald nicht mehr nachweisbar. Ihre Materie hat sich mit dem allgemein zwischen den Sternen verteilten Gas vermischt.

Der größte Knall im All

Planetarische Nebel sind wie ein Feuerwerk, mit dem das Ende eines langen Lebens begangen wird. Doch verglichen mit dem Spektakel, das sehr schwere Sterne am Schluss veranstalten, wirken sie eher beschaulich. Ein Sternriese explodiert in einem gigantischen Inferno und setzt binnen Sekunden so viel Energie frei, wie unsere Sonne innerhalb von rund einer Milliarde Jahren abstrahlt.

Besitzt ein Stern mehr als etwa acht Sonnenmassen, so wird es in der Endphase in seinem Zentralbereich so heiß, dass er nun sogar Siliziumkerne zu Eisen verschmilzt. Nach außen hin nimmt die Temperatur ab, sie ist aber immer noch so hoch, dass in einem schalenförmigen Bereich Sauerstoffkerne zu Schwefel verbrennen, weiter außen werden Kohlenstoffkerne zu Magnesium umgewandelt, und in der äußersten Schale läuft das Wasserstoffbrennen ab. Ein massereicher

Stern besitzt also in seinem Endstadium einen zwiebelartigen Schalenaufbau, der die Produktion verschiedener Stoffe ermöglicht.

Doch dann kommt der Moment, in dem im Zentrum kein Silizium mehr vorhanden ist. Von da an ist keine Energieproduktion mehr möglich, denn das Verschmelzen von Eisenkernen setzt keine Energie mehr frei, sondern entzieht sie aus der Umgebung. Die Energiereserven des Sterns sind deshalb vollständig erschöpft, das nukleare Feuer erlischt. Und nun geschieht das Ungeheure: Die Schwerkraft gewinnt die Oberhand, der innere Teil des Sterns, der mehr an Materie beinhaltet als unsere Sonne, bricht in Sekundenbruchteilen zusammen.

Bei diesem Kollaps wird die Materie enorm verdichtet und aufgeheizt, und es entsteht ein extrem kompakter Körper mit etwa zwanzig Kilometern Durchmesser. Von außen stürzt das restliche Sternengas auf ihn hinab, wodurch es zu chaotischen Explosionen kommt, zahllose Kernreaktionen laufen ab, in denen noch schwerere Elemente als Eisen bis hin zum Uran gebildet werden. Gleichzeitig wird ein Schwarm von Neutrinos frei. Das sind Elementarteilchen, die normalerweise jede Art von Materie mühelos durchdringen. Doch in diesem Tohuwabohu ist die Materie so stark verdichtet, dass die Neutrinos sie mitreißen und die äußeren Gasschichten des ehemaligen Sterns ins All schleudern. Diese heiße Gashülle dehnt sich mit einigen zehn Millionen Kilometern pro Stunde aus und beginnt zu strahlen: Eine Supernova erstrahlt. Diese Bezeichnung kommt daher, dass eine Supernova genauso unvermittelt am Himmel aufflammt wie eine Nova, aber viel heller ist.

Für die Dauer einer Woche etwa kann eine Supernova heller leuchten als alle hundert Milliarden Sterne einer Galaxie zusammen. In einer Galaxie wie der Milchstraße ereignen sich etwa drei Supernovae pro Jahrhundert. Die meisten bleiben jedoch unbeobachtbar, weil sie zu weit entfernt sind und

Staubwolken das Licht auf dem Weg zu uns verschlucken. Seit dem Jahre 185 nach Christus wurden in der Milchstraße nur acht Supernovae gesichtet. Die bekannteste ist vielleicht die im Jahre 1054 von asiatischen Astronomen beobachtete Supernova im Sternbild Krebs. An der Himmelsposition findet sich heute die Explosionswolke wieder: der Krebs-Nebel. Er ist etwa 5000 Lichtjahre entfernt und hat sich bis auf einen Durchmesser von acht Lichtjahren ausgedehnt.

Der letzte Augenzeuge einer Supernova

In den letzten tausend Jahren waren lediglich fünf Supernovae mit bloßem Auge sichtbar. Für lange Zeit war der berühmte Astronom Johannes Kepler der letzte Mensch gewesen, der dieses Glück hatte. Er beobachtete 1604 eine Supernova im Sternbild Schlangenträger, die für einige Zeit das hellste Gestirn am Himmel war. Erst am 23. Februar 1987 war es wieder so weit. In dieser Nacht entdeckte der Astronom Ian Shelton am Observatorium Las Campanas in den chilenischen Anden eine Supernova. Sie explodierte in der Großen Magellanschen Wolke, einer 160 000 Lichtjahre entfernten Nachbargalaxie der Milchstraße, und erschien am Himmel als Stern 3. Größe. Damit bot die Supernova mit der Bezeichnung SN 1987A den Astronomen eine einmalige Gelegenheit, dieses seltene Phänomen eingehend zu studieren und die Theorien zu überprüfen.

Auf älteren Aufnahmen fand man auch den Vorläuferstern der SN 1987A. Es handelte sich um einen blauen Überriesen mit etwa zehn Sonnenmassen, der die Bezeichnung Sanduleak -69°202 trug. Nach theoretischen Rechnungen war er elf Millionen Jahre vor seinem Ende als Stern mit 18 Sonnenmassen entstanden.

Sternenkinder

Die Explosionswolken von Supernovae und die Planetarischen Nebel sind nicht nur schön anzuschauen, sondern sie erfüllen im Universum eine ganz wichtige Aufgabe. Nach der heutigen Theorie, die wir später erklären werden, entstanden im Urknall fast ausschließlich die flüchtigen Gase Wasserstoff und Helium. Kohlenstoff, Sauerstoff und Stickstoff sowie alle anderen uns heute bekannten Stoffe mussten zunächst in den kosmischen Fusionsreaktoren im Innern der Sterne produziert und anschließend ans Weltall abgegeben werden. Das geschieht in den Winden der Riesensterne und den Explosionswolken der Supernovae.

Es muss also nach dem Urknall eine erste Sterngenerationen gegeben haben, die fast nur aus Wasserstoff und Helium bestand. Diese produzierte im Innern die schwereren Stoffe und gab sie nach einigen Millionen Jahren ans Universum ab. Aus diesem „angereicherten" Material bildeten sich dann wieder Sterne, die das Material für ihre Nachfahren produzierten. Es mussten erst einige Sterngenerationen ihren Lebensweg durchlaufen, bevor es im Universum ausreichende Mengen von jenen Stoffen gab, aus denen Planeten und letztlich auch wir Menschen entstehen konnten.

Alle Elemente in unserem Körper, die schwerer als Wasserstoff und Helium sind, sind irgendwann einmal im Innern eines Sterns entstanden. In diesem Sinne sind wir Sternenkinder, aus Sternenstaub geboren.

Neutronensterne – die kompaktesten Körper im Universum

Die leuchtenden Nebel sind zwar das auffälligste Merkmal einer Supernova, aber aus physikalischer Sicht interessanter ist der Sternenrest in dessen Zentrum. Er entsteht aus dem zentralen Bereich, in dem der Stern am Schluss Eisen produziert hat. Wenn dieser Kernbereich zwischen 1,4 und etwa drei Sonnenmassen schwer ist, dann entsteht aus ihm ein Neutronenstern – eines der exotischsten Objekte, die die Astronomen heute kennen.

Beim Sternkollaps erhöht sich der Druck im Innern der Materie so stark, dass die darin befindlichen Elektronen fast bis auf Lichtgeschwindigkeit beschleunigt werden. Dadurch können diese Teilchen in die Atomkerne eindringen und sich mit den Kernteilchen, den Protonen, zu Neutronen vereinigen. Die Struktur der ehemaligen Sternmaterie geht dabei völlig verloren. Aus Eisen wird Neutronenbrei. Der Kollaps endet, wenn der Körper einen Durchmesser von etwa zwanzig Kilometern erreicht hat. In dieser ultrakompakten Kugel, deren Durchmesser kleiner ist als der von Berlin, steckt die Masse von mehr als einer Sonne. Könnte man ein Stück dieser Materie von der Größe eines Würfelzuckers auf die Erde bringen, so wöge sie knapp eine Milliarde Tonnen.

Ein Tag auf einem Neutronenstern

Neutronensterne sind die kompaktesten Himmelskörper, die man sich denken kann. Deshalb üben sie eine extrem starke Schwerkraft aus, was in ihrer Umgebung zu erstaunlichen Effekten führt: Die Zeit vergeht langsamer als bei uns, Lichtstrahlen werden von ihrem gerade Weg abgelenkt und die Farben werden „röter".

Auf einem Neutronenstern existiert mit Sicherheit kein Leben, wir können uns aber in Gedanken auf einen solchen Körper versetzen. Beim Blick aus dem Fenster eines Hochhauses auf die Straße würden wir den Eindruck haben, alle Fußgänger, Fahrrad- und Autofahrer würden sich wie in Zeitlupe bewegen. Die Fußgänger indes würden kopfschüttelnd einen Fensterputzer in der Höhe beobachten, wie er seine Arbeit mit ungeahnter

Eile erledigt. Würden die Fußgänger dann aber mit dem Fahrstuhl in den zehnten Stock hochfahren, so würden sie den sich beschleunigenden Zeitverlauf nicht bemerken, weil sich ihre eigene Uhr und ihr Erleben mit zunehmender Höhe mitbeschleunigt.

Ein auf dem Boden liegender rot und reif erscheinender Apfel würde sich vielleicht als grün und unreif entpuppen, wenn wir ihn aufheben. Lichtstrahlen werden so stark gekrümmt, dass wir Objekte sehen, die sich auf der anderen Seite des Neutronensterns befinden. Aus diesem Grunde ist auch die Frage interessant, wie ein Neutronenstern aus einiger Entfernung aussieht. Bei einem Neutronenstern werden Lichtstrahlen von Teilen der uns abgewandten Seite umgebogen und gelangen auf diese Weise zu uns. Wir könnten also um den Stern herumschauen und Bereiche der Rückseite sehen. Je nach Größe des Sterns wären rund achtzig Prozent der Oberfläche erkennbar.

Beim Zusammenbruch des ehemaligen Sterns tritt noch ein weiteres Phänomen auf: Der Körper beginnt immer schneller zu rotieren, während er sich zusammenzieht. Einen vergleichbaren Vorgang kann man bei einem Eiskunstläufer beobachten, der eine Pirouette dreht. Zieht er die Arme an den Körper, so wirbelt er immer schneller herum. Wie schnell diese Neutronenkugeln werden, können Astronomen heute messen. Dabei kommt ihnen ein weiteres Phänomen zugute.

Während des Kollapses wird auch das Magnetfeld des ehemaligen Sterns „zusammengequetscht". An der Oberfläche erreicht es schließlich eine Stärke, die jene des Erdmagnetfeldes um das Billionenfache übertrifft. Man kann sich ein solches Magnetfeld wie bei einem Stabmagneten vorstellen. Das heißt auf der Sternoberfläche gibt es Nord- und Südpol, ähnlich wie auf der Erde. Entlang der Magnetfeldachse werden elektrisch geladene Teilchen, vermutlich Elektronen und deren Antiteilchen, Positronen, bis nahe an die Lichtgeschwindigkeit beschleunigt, sodass sie entlang der Magnetfeldachse in den Raum hinausschießen. Diese Elektronen senden Strahlung vornehmlich in Bewegungsrichtung aus, ähnlich wie ein Autoscheinwerfer. Dadurch erzeugt der Teilchenschwarm zwei Lichtkegel, die jeweils vom magnetischen Nord- und Südpol in den Weltraum ragen.

Bei vielen Neutronensternen ist die Magnetfeldachse gegenüber der Rotationsachse geneigt (dies ist übrigens auch bei der Erde der Fall). Deshalb streichen die beiden Lichtkegel wie die Scheinwerfer eines Leuchtturms durchs All. Treffen sie auf die Erde, so kann man sie wie das Blinken eines Leuchtturms als Strahlungspuls nachweisen. Solche blinkenden Neutronensterne nennt man Pulsare. Der Zeitabstand, mit dem die Signale ankommen, entspricht genau der Umdrehungsperiode des Neutronensterns oder, wenn uns beide Lichtkegel erreichen, der halben Umdrehungszeit. Pulsare pulsieren also genauso wenig wie ein Leuchtturm.

Heute kennen die Astronomen etwa 1700 Pulsare, deren Perioden zwischen vier Sekunden und einigen tausendstel Sekunde betragen. Der schnellste bekannte Pulsar dreht sich pro Sekunde 716 mal um seine eigene Achse. Dieses Objekt ist nahe an der Grenze, von der Fliehkraft zerrissen zu werden.

Piepser von Außerirdischen?

Im Jahre 1965 kam die erst 22 Jahre alte Astronomin Jocelyn Bell an die Universität von Cambridge, wo sie am Aufbau eines Radioteleskops am dortigen Mullard-Observatorium beteiligt war. Leiter der Gruppe war Anthony Hewish. Am 6. August 1967 bemerkte Bell um 19.20 Uhr auf dem Papierschreiber, der die Radiosignale aus dem All aufzeichnete, einen ungewöhnlichen Ausschlag. Zunächst wiederholte sich das Signal nicht. Doch am 28. November war es wieder da, und dieses Mal war es dauerhaft zu „hören".

Die unbekannte Quelle sandte eine Folge von scharfen Radiopulsen aus, die auf eine Millionstel Sekunde genau im Gleichtakt ankamen. Kurzzeitig glaubte Hewish, eine Botschaft von Außerirdischen aufgefangen zu haben. Diese Hypothese erwies sich aber bald aus physikalischen Gründen als unhaltbar.

Aus der Kürze der Einzelpulse schlossen Hewish und Bell, dass der Sender klein sein musste, nicht größer als die Erde jedenfalls. Schon bald war sich die Fachwelt einig: Es konnte sich nur um einen rasch rotierenden Neutronenstern handeln. Wegen des gepulsten Signals nannte man den Körper Pulsar. Hewish erhielt zusammen mit Martin Ryle, dem Gründer und damaligen Direktor des Mullard-Radio-Observatoriums, 1974 den Physik-Nobelpreis. Jocelyn Bell wurde übergangen.

Raum und Zeit bei Einstein

Die Verhältnisse auf Neutronensternen strapazieren unsere Vorstellungskraft schon ganz ordentlich. Noch schlimmer aber sind jene Gebilde, die entstehen, wenn die Schwerkraft sogar

Neutronensterne weiter zusammenbrechen lässt: die Schwarzen Löcher. Heute gehen Astrophysiker davon aus, dass jeder Stern, der anfänglich mehr als 25 Sonnenmassen besitzt, auf diese Weise endet.

Schwarze Löcher kann man nur im Rahmen von Albert Einsteins Relativitätstheorie verstehen. Beschäftigen wir uns deshalb kurz mit ihr.

Nach Einsteins Allgemeiner Relativitätstheorie ist die Schwerkraft gar keine Kraft, sondern eine Eigenschaft von Raum und Zeit. Wir haben kein Sinnesorgan, mit dem wir den Raum direkt wahrnehmen können. Unbewusst erscheint er uns aber irgendwie „rechtwinklig". Was bedeutet das? Nehmen wir einmal an, wir könnten das All mit Laserstrahlen durchziehen. Nun ordnen wir die Lasergeräte so an, dass die Strahlen im Raum ein rechtwinkliges Gitter erzeugen. Es bestünde gewissermaßen aus vielen Würfeln, deren Kanten die Strahlen bilden.

Ist der Raum nicht gekrümmt, dann werden diese Strahlen überall dasselbe Gitter aufspannen. In einem solchen Raum gelten die geometrischen Gesetze, die schon der griechische Mathematiker Euklid herausgefunden hat. Zum Beispiel beträgt in einem Dreieck die Summe der drei Winkel immer 180 Grad. Das ist eines der unumstößlichen geometrischen Gesetze. Alle Kraftgesetze, die Newton aufgestellt hat, um zum Beispiel die Bahnen der Himmelskörper unter dem Einfluss der Schwerkraft zu beschreiben, gelten in einem solchen „rechtwinkligen" Raum. Man spricht auch vom Euklidischen Raum. Hier kann man sich die Schwerkraft wie unsichtbare Bänder vorstellen, die die Himmelskörper aneinanderfesseln.

Einstein beschäftigte sich schon als Jugendlicher mit Newtons Physik und stieß dabei auf Widersprüche, die ihn nicht ruhen ließen. Nach Jahren hatte er eine völlig andere Theorie der Schwerkraft (Gravitation) entwickelt, die Allgemeine Relativitätstheorie. Sie hat sich über Jahrzehnte hinweg als richtig erwiesen und gilt heute als eine der am genauesten bestätigten physikalischen Theorien.

Demnach krümmt ein Körper wie ein Stern den ihn umgebenden Raum. Unser gedachtes Lasergitter wäre in der Nähe eines Sterns oder Planeten tatsächlich verbogen. In einem mit Laserstrahlen erzeugten Dreieck betrüge die Winkelsumme nicht mehr 180 Grad.

Man kann sich diese Situation mit einem Gummituch veranschaulichen. Hierfür muss man sich eine der drei Raumdimensionen Länge, Breite und Höhe wegdenken. Dann wird aus dem dreidimensionalen Raum eine Fläche. Ein ebenes Gummituch soll den rechtwinkligen Raum (Fläche) veranschaulichen. Legen wir nun eine Kugel, die einen Stern darstellen soll, auf dieses Gummituch, so entsteht eine Mulde: der gekrümmte Raum. Rollt eine Murmel durch diese Mulde, so wird sie von ihrer Bahn abgelenkt. Abhängig von ihrer Geschwindigkeit und ihrem Abstand zur großen Kugel wird sie entweder nur umgelenkt und rollt weiter, oder sie schlägt eine kreisförmige oder elliptische Bahn ein, oder sie stößt mit der großen Kugel zusammen.

Genau diese drei Möglichkeiten gibt es auch, wenn beispielsweise ein Komet aus der Ferne des Planetensystems in Sonnennähe gerät. Man hat den Eindruck, als zöge die Sonne den Kometen an. In Wirklichkeit folgt der Komet der Raumkrümmung, und die Planeten „rollen" in dieser Raummulde um die Sonne herum. Dasselbe gilt auch für Licht, weswegen ein Lichtstrahl in der Nähe eines Himmelskörpers von seiner geradlinigen Bewegung abweicht. Wir hatten auf diesen Effekt schon bei den Neutronensternen hingewiesen. Bei Schwarzen Löchern wird er, wie wir gleich sehen werden, ins Extreme gesteigert.

Doch Einstein stellte nicht nur die Vorstellung des Raumes auf den Kopf, sondern auch die der Zeit. Newton nahm noch an, dass die Zeit überall im Universum gleich schnell verläuft – eine Vorstellung, die unser Alltagsleben zu bestätigen scheint. In der Relativitätstheorie ist das jedoch anders. In einem starken Schwerefeld vergeht die Zeit langsamer als in einem schwachen. So läuft eine Uhr am Meer langsamer als auf dem Mount Everest. Allerdings ist der Unterschied so gering, dass er nie einem Bergsteiger auffallen würde. Übrigens beruht dieser Effekt nicht etwa darauf, dass die Schwerkraft auf irgendeine Weise mechanisch auf das Uhrwerk einwirken würde, sondern die Zeit an sich läuft unterschiedlich schnell. Das bezieht sich auf alle Vorgänge, auf den Herzschlag eines Menschen ebenso wie auf das Wachstum einer Pflanze oder das Schwingen eines Uhrpendels. In einem starken Schwerefeld vergeht alles langsamer als in einem schwachen. Man selbst würde das nicht bemerken, weil sich alle Abläufe, das Ticken der Uhr ebenso wie alle biologischen und sonstigen Abläufe, im selben Maße verlangsamen.

Mit diesem Wissen über die Relativitätstheorie ausgestattet, können wir nun versuchen, Schwarze Löcher zu verstehen.

Ist ein Schwarzes Loch hohl?

Kurz nachdem Einstein seine Allgemeine Relativitätstheorie veröffentlicht hatte, beschäftigte sich ein deutscher Astrophysiker namens Karl Schwarzschild mit ihr. Er fragte sich, wie sich das Schwerefeld in der Umgebung eines Sterns mathematisch beschreiben lässt. Diese Rechnungen machte er übrigens im Ersten Weltkrieg, während er als Soldat an der Front in Russland war. Ungeachtet der donnernden Geschütze stieß er auf etwas sehr Merkwürdiges: Könnte man einen Stern beliebig stark zusammendrücken, so würden Zeit und Raum ihre Rollen vertauschen, wenn der Stern eine bestimmte Größe unterschreitet.

Das war natürlich nur graue Theorie und erschien ziemlich unsinnig, denn ein Himmelskörper mit der Masse der Sonne beispielsweise müsste bis auf einen Radius von drei

Kilometer schrumpfen, um innerhalb dieser magischen Grenze zu liegen. Derart komprimierte Himmelskörper schien es in der Natur aber nicht zu geben. Schwarzschilds Entdeckung blieb unbeachtet.

In den folgenden Jahren enträtselten Astrophysiker die Natur der Sterne. Als klar war, dass sie ihre Energie aus der Kernfusion beziehen, tauchte die Frage auf: Was passiert, wenn ein Stern seinen Brennstoff verbraucht hat?

Wir haben es schon gelernt: Ein Stern ähnlich wie die Sonne wird zum Weißen Zwerg, schwerere Sterne enden als Neutronensterne. Aber diese Gebilde sind nur stabil, wenn sie nicht mehr als 1,6 Sonnenmassen wiegen. Auf diese Grenze stieß Ende der 1930er Jahre der amerikanische Theoretiker Julius Robert Oppenheimer in den USA. Zusammen mit seinen Studenten George Volkoff und Hartland Snyder berechnete er Schritt für Schritt mit einer mechanischen Rechenmaschine den Zusammenbruch eines sehr schweren Sterns. Im Frühjahr 1939 schrieb Oppenheimer: „Die Ergebnisse sind sehr sonderbar."

In der Tat, das waren sie. Wenn der zentrale Kern eines Sterns, der am Ende zusammenbricht, mehr als etwa 1,6 Sonnenmassen schwer ist, dann gibt es keine Kraft, die diesen Kollaps aufhalten kann. Die Rechnungen sagten also voraus, dass ein solcher Stern zu einem Punkt zusammenschnurrt.

Diese Behauptung war damals und ist noch heute unglaublich – eine physikalische Katastrophe. Die meisten Astrophysiker beschäftigten sich deshalb erst gar nicht mit Oppenheimers Ergebnissen oder hielten sie für falsch. Selbst Einstein, auf dessen Relativitätstheorie die Rechnungen beruhten, wandte sich gegen sie. Er ersann sogar ein Gedankenexperiment, mit dem er glaubte, die Ergebnisse widerlegen zu können. Danach war für ihn die Debatte beendet, auch Oppenheimer widmete sich diesem Problem nie wieder. Kurze Zeit nach seinen Veröffentlichungen brach der Zweite

Weltkrieg aus, und Oppenheimer wurde wissenschaftlicher Leiter des Manhattan-Projekts zum Bau der Atombombe.

Erst zu Beginn der 1960er Jahre griffen Theoretiker das exotische Phänomen wieder auf, allen voran John Archibald Wheeler von der Universität Princeton. Heute sind die Astrophysiker von der Existenz Schwarzer Löcher überzeugt. Einstein hatte sich geirrt. Heute lässt sich die Entstehung eines Schwarzen Loches recht gut beschreiben.

Wenn der Zentralbereich des Sterns zusammenbricht, krümmt sich der Raum um ihn herum immer stärker, je kleiner und kompakter der Körper wird. Wenn er eine bestimmte Größe unterschreitet, wird die Krümmung so stark, dass sich der Raum um den Körper herum gewissermaßen schließt. Der Stern nabelt sich vom Universum ab, ein Schwarzes Loch ist entstanden.

Bei diesem Vorgang bekommt Schwarzschilds ominöser Radius eine physikalische Bedeutung. Das ist genau jene Grenze, bei der das Schwarze Loch sich schließt. Man hat sie Schwarzschild-Radius getauft.

Ein Lichtstrahl, der tangential auf den Schwarzschild-Radius trifft, bewegt sich im Kreis um das Schwarze Loch herum. Läuft er etwas weiter entfernt am Schwarzen Loch vorbei, so wird er von seiner geradlinigen Bahn abgelenkt und läuft nach einer Kurve in einer anderen Richtung weiter. Ein Lichtstrahl, der in den Schwarzschild-Radius eindringt, ist verloren. Er verschwindet im Schwarzen Loch und kommt nicht wieder heraus. Das Gleiche gilt für jede Form von Materie, die in das Schwarze Loch hineingerät. Alles fällt hinein, nichts kommt wieder heraus. Dabei geht auch jegliche Information über die ursprüngliche Natur des Körpers verloren: Egal, ob ein Stern, ein Raumschiff oder ein Buch in das Schwarze Loch hineinfällt: Alles wird unbarmherzig zerbröselt, selbst die Bausteine der Materie, die Atome, zerreißt es dabei. Im Schwarzen Loch endet alles als Einheitsbrei. Dieses Wort ist hier symbolisch gemeint, denn was

letztlich mit der Materie im Schwarzen Loch passiert, weiß niemand.

Da einen äußeren Beobachter keine Information mehr aus dem Innern erreicht, nennen die Astrophysiker diese gedachte Fläche, die das Innere dieses Objekts vom äußeren Universum trennt, den Ereignishorizont. Seine Ausdehnung ist durch den Schwarzschild-Radius festgelegt. Als Schwarzes Loch bezeichnet man also jenen kugelförmigen Raumbereich, in dem alles verschwindet und nichts mehr herauskommt. Es ist nicht hohl, denn es enthält in seinem Mittelpunkt den Sternenrest – in welcher Form auch immer.

Wenn ein Schwarzes Loch entsteht, werden Zeit und Raum so stark gekrümmt und gedehnt, dass man darauf achten muss, von welcher Warte aus man einen solchen Vorgang beschreibt.

Würden wir ihn aus sicherer Entfernung mitverfolgen können, so böte sich folgendes erstaunliches Bild: Der Stern zieht sich zunächst mit großer Geschwindigkeit zusammen. Nach den Newtonschen Gesetzen müsste der Kollaps immer schneller voranschreiten. Tatsächlich hat ein äußerer Beobachter genau den gegenteiligen Eindruck. Der Stern scheint immer langsamer zu schrumpfen, bis die Oberfläche schließlich am Ereignishorizont erstarrt.

Dieses „Gefrieren“ der Oberfläche liegt daran, dass Uhren wie gesagt in starken Gravitationsfeldern langsamer gehen als in schwachen. Man stelle sich nun vor, dass von der Oberfläche des kollabierenden Sterns in gleichbleibenden Abständen Lichtpulse ausgesandt werden. Wir können uns diese periodischen Pulse wie das Ticken einer Uhr vorstellen. Da das Schwerefeld während des Zusammenbruchs mit abnehmendem Radius des Sterns immer stärker wird, vergeht die Zeit auf der Oberfläche immer langsamer. Deshalb kommen die Lichtpulse bei einem äußeren Betrachter in immer größeren Abständen an. Wenn der Stern den Ereignishorizont erreicht, vergeht zwischen dem Aussenden zweier Lichtpulse unendlich viel Zeit. Für den Beobachter scheint nun das Bild stehen zu bleiben.

Wegen dieses kuriosen Verhaltens kollabierender Sterne sprachen Astrophysiker anfangs von „gefrorenen Sternen“. Den Ausdruck Schwarze Löcher führte Wheeler im Jahr 1967 ein.

Ein Mensch auf der Oberfläche des Sterns würde, falls er physisch dazu in der Lage wäre, den Zusammensturz völlig anders erleben. Für ihn verlangsamt sich der Lauf der Zeit im gleichen Maße wie alle Vorgänger auf der Sternoberfläche. Somit bemerkt er die Zeitdehnung nicht und wird auch nichts vom Durchgang durch den Schwarzschild-Radius spüren – von der gewaltigen Schwerkraft einmal abgesehen.

Tatsächlich könnte man im Prinzip mit einem Raumschiff auf ein Schwarzes Loch zufliegen und darin eintauchen – freilich auf Nimmerwiedersehen. Nehmen wir als Beispiel das riesige Schwarze Loch, das Astronomen im Zentrum der Milchstraße vermuten. Es beinhaltet vier Millionen Sonnenmassen und hat einen Schwarzschild-Radius von zwölf Millionen Kilometern. Beim Blick aus dem Raumschiff in Richtung des Schwarzen Lochs verzerrt sich die Perspektive. Wegen der starken Raumkrümmung könnten wir um die Ecke schauen und Sterne und Galaxien sehen, die sich hinter dem Schwarzen Loch befinden. Dann durchstoßen wir den Ereignishorizont, ohne etwas davon zu bemerken. Von da an streben wir unaufhaltsam auf den Sternenrest im Zentrum des Schwarzen Lochs zu.

Wir haben noch eine halbe Stunde Zeit, bevor wir ihn erreichen. Doch je näher wir ihm kommen, desto stärker wird der Schwerkraftunterschied auf kurzer Distanz. Wir bewegen uns mit den Füßen voran und spüren bald, wie die Schwerkraft an unseren Füßen stärker zieht als am Kopf: Wir werden gestreckt. Physiker nennen dies den Spaghetti-Effekt. Noch bevor wir das Zentrum erreichen, zerreißt die Schwerkraft unseren Körper. Schließlich werden auch alle Atome zerstäubt, bevor sie im Zentrum des Schwarzen Lochs ankommen.

Lange Zeit vermuteten die Forscher, dass Schwarze Löcher ewig existieren, weil sie nur Materie aufnehmen, aber nicht abgeben. Im Jahre 1974 stieß Steven Hawking aber auf einen Effekt, der möglicherweise doch zur Auflösung dieser gefräßigen Monster führen könnte. Er untersuchte Schwarze Löcher nach den Gesetzen der Quantenmechanik und stieß dabei auf einen merkwürdigen Vorgang: Schwarze Löcher strahlen. Um dies zu verstehen, muss man sich mit der Physik des Vakuums beschäftigen.

Nach den Gesetzen der Quantenmechanik entstehen und vergehen im Vakuum unablässig Teilchen. Das vermeintliche Nichts brodelt förmlich wie ein Lavasee. Physiker nennen diese Teilchen virtuell, weil sie nur für eine sehr kurze Zeitspanne existieren. Virtuelle Teilchen kommen stets als Teilchen-Antiteilchen-Paar zur Welt. Bildet sich ein solcher Zwilling in der Nähe des Ereignishorizontes eines Schwarzen Loches, so kann einer von ihnen darin verschwinden. Der andere ist in der Lage, dem Schwerkraftfeld Energie zu entziehen, und das ermöglicht dem virtuellen Teilchen den Sprung in die Realität. Es wird real und entschwindet in den Weltraum. Es wirkt somit wie ein vom Schwarzen Loch ausgestoßenes Strahlungsteilchen.

Das Teilchen trägt die Energie, die es dem kosmischen Giganten gestohlen hat, mit sich fort. Dadurch nimmt das Schwarze Loch sehr langsam ab und löst sich letztlich auf. Ein Schwarzes Loch mit der doppelten Sonnenmasse würde erst im Laufe von 10^{67} Jahren seine gesamte Masse verlieren. Das ist etwa 10^{57}-mal länger als das heutige Weltalter – also fast unendlich lang. Sind aber, wie Hawking vermutet, im Urknall Schwarze Löcher mit Massen von einigen hundert Millionen Tonnen, entsprechend der Schwere eines mittelgroßen Berges, entstanden, so sollten diese in der jetzigen Phase des Weltalls verschwinden. Hawking vermutet, dass sie explodieren und dabei Strahlung aussenden. Die Suche nach dieser Strahlung blieb bis heute erfolglos.

Reisen durch Wurmlöcher

Schwarze Löcher krümmen den Raum so stark, dass sie sich praktisch selbst aus dem Universum abschnüren. Es gibt Überlegungen, wonach sich zwei auf diese Weise abgeschnürte Raumbereiche berühren und zu einer Art Tunnel vereinen könnten. Dieser Raumzeittunnel, auch Wurmloch genannt, könnte die Reise von einem Bereich des Universums in einen anderen mit scheinbarer Überlichtgeschwindigkeit ermöglichen, weil man gewissermaßen eine Abkürzung nimmt. Auf diese Weise wären auch Zeitmaschinen denkbar. Aber eben nur denkbar. Und bekanntlich ist in der Natur nicht alles realisiert, was der Mensch sich auszudenken vermag.

Mit der Relativitätstheorie ist es heute möglich, die Vorgänge in der Umgebung eines Schwarzen Loches ziemlich genau zu beschreiben. Auch die Größe dieser kosmischen Ungetüme lässt sich leicht ausrechnen. Man erhält den Schwarzschild-

Radius in Kilometern, indem man die Masse des darin enthaltenen Körpers in Einheiten der Sonnenmasse angibt und mit der Zahl drei multipliziert.

Für die Sonne beträgt der Schwarzschild-Radius also drei Kilometer, für die Erde gerade einmal neun Millimeter. Das sind aber rein rechnerische Größen, denn weder die Sonne noch die Erde werden jemals auf diese geringen Größen zusammengedrückt werden. Man sieht aber, dass ein Neutronenstern mit etwa einer Sonnenmasse und einem Radius von knapp zehn Kilometern nur wenig größer ist als sein Schwarzschild-Radius. Deshalb sind in seiner Umgebung Raumkrümmung und Zeitdehnung sehr stark.

Ein Schwarzes Loch mit etwa vier Millionen Sonnenmassen, wie es Astrophysiker im Zentrum unserer Milchstraße vermuten, besitzt bereits einen Radius von zwölf Millionen Kilometern, wäre also siebzehnmal so groß wie die Sonne. Die riesigen Schwarzen Löcher im Innern der Galaxien und Quasare mit Massen von einigen hundert Millionen Sonnen wären etwa so ausgedehnt wie die Umlaufbahn des Mars oder Jupiter.

Es gibt aber bis heute keine Antwort auf die Frage, was wirklich mit dem Sternenrest, der darin verschwindet, passiert. Physikalisch ist es unsinnig zu glauben, er würde wirklich bis auf einen Punkt zusammensacken. Ein Punkt hat keine Ausdehnung, sodass physikalische Größen wie die Dichte unendlich groß würden. Ebenfalls nicht genau bekannt ist, wie schwer der kollabierende Sternrest mindestens sein muss, damit er zu einem Schwarzen Loch wird. Dies liegt daran, dass die Eigenschaften der exotischen Neutronensternmaterie nicht gut genug bekannt sind.

Aufgespürt haben Astronomen Schwarze Löcher in Doppelsystemen, in denen sich beide Körper so nahe sind, dass das Schwarze Loch Materie von seinem Begleitstern absaugt und zu sich herüberzieht. Das Gas sammelt sich zunächst wieder in einer Scheibe um das Schwarze Loch herum an.

Hier erhitzt es sich und sendet Strahlung aus. In einigen Fällen ließ sich die Umlaufdauer und der Abstand des Begleitsterns ermitteln, woraus sich die Masse des vermuteten Schwarzen Loches ergibt. Der erste Kandidat für ein solches Doppelpaar wurde zu Beginn der 1970er Jahre entdeckt: der rund 10 000 Lichtjahre entfernte Himmelskörper Cygnus X1 im Sternbild Schwan. Hier scheinen sich ein sehr schwerer, heißer blauer Stern und ein unsichtbares Schwarzes Loch von sechzehn Sonnenmassen zu umkreisen. Das nächst gelegene bekannte Schwarzes Loch befindet sich in dem 1600 Lichtjahre entfernten Paar V4641 Sagitarii im Sternbild Schütze. Es beinhaltet um die zehn Sonnenmassen. Weitere Kandidaten sind V404 Cygni mit einem Schwarzen Loch von zwölf Sonnenmassen sowie LMC X3 in der Großen Magellanschen Wolke mit einem vermuteten Schwarzen Loch von mindestens neun Sonnenmassen.

Die viel größeren Schwarzen Löcher in den Zentren von Galaxien sind nicht durch den Einsturz eines einzelnen Sterns entstanden. Sie sind rasch gewachsen, indem sie aus der Umgebung alles verschlungen haben, was ihnen in die Quere kam. Auf dieses gefräßige Verhalten kommen wir im nächsten Kapitel zurück.

Totale Zerstörung und ein flüchtender Stern

Schwarze Löcher entstehen also nur in Supernovae. Aber nicht jede Supernova bringt ein Schwarzes Loch hervor. Es gibt eine besondere Klasse dieser Sternexplosionen, bei denen der Stern vollständig zerrissen wird. Das passiert in Doppelsternsystemen, in denen sich ein Weißer Zwerg und ein Riesenstern umkreisen. Wenn die beiden sich so nahe kommen, dass der Riese an den Zwerg Gas abgeben muss, dann wird dieser immer schwerer. Im vorherigen Kapitel haben wir schon von solchen symbiotischen Sternpaaren gelesen.

Doch in einem solchen Fall führt die Gier des Zwergs zu dessen Zerstörung.

Das überströmende Gas sammelt sich auf der Oberfläche des Weißen Zwergs wie eine Atmosphäre an. Diese wird immer schwerer und drückt den Stern zusammen. Irgendwann werden Druck und Temperatur so hoch, dass im Innern des Weißen Zwergs die Kohlenstoff-Atomkerne zu Eisen verschmelzen können. Der erloschene Fusionsreaktor wird also wieder angeworfen. Doch der produziert nicht langsam und gleichmäßig Energie, sondern er zündet eine gewaltige Explosion, die den Stern zerreißt. Das gesamte Sternmaterial wird ins All geschleudert und leuchtet als Supernova hell auf. Und was geschieht mit dem beklauten Riesen?

Nun, der ist ja nicht mehr an den Zwerg gebunden. Weil plötzlich die Schwerkraft seines Partners weg ist, fliegt er davon, wie der Sitz eines Kettenkarussells, bei dem man die Kette während der Fahrt durchschneidet. Diese Riesen fliegen von da an ungewöhnlich schnell durch die Milchstraße und werden deswegen im Englischen als Runaway-Stern bezeichnet, was auf Deutsch etwa flüchtender Stern bedeutet.

Astronomen unterscheiden diese beiden Supernova-Typen. Ein Neutronenstern oder Schwarzes Loch entsteht in einer Supernova Typ II, ein Weißer Zwerg explodiert bei einer vom Typ Ia. Wie man sich das merken kann? Ganz einfach: ein Stern bei Typ II, zwei Sterne bei Typ Ia. Dummerweise gibt es auch noch Supernovae vom Typ Ib und Ic. Hierbei handelt es sich um Spezialfälle vom Typ II. Astrophysik ist manchmal wirklich nicht einfach.

6. Wie viele Arme hat unsere Milchstraße? Galaxien – Welteninseln im Kosmos

Wenn wir in einer klaren Sommernacht in nördliche Richtung schauen, erkennen wir über dem Horizont das Sternbild des Großen Bären, oberhalb davon liegt der Kleine Bär oder Kleine Wagen, an dessen Deichselende der Polarstern blinkt. In diesem Bereich der Himmelssphäre sind die Sterne verhältnismäßig dünn gesät.

Legen wir den Kopf in den Nacken und drehen uns etwas nach Osten, so fällt das kreuzförmige Sternbild Schwan mit dem hellsten Stern Deneb auf. Das aber liegt nicht auf dem tiefen Schwarz des Nachthimmels, sondern in einer milchig trüben Umgebung – der Milchstraße. Dies ist ein schwach schimmerndes Band, das sich über das gesamte Firmament zieht. Links vom Schwan durchquert es das große W des Sternbildes Kassiopeia und anschließend den Perseus. Rechter Hand durchläuft es zunächst den Adler mit seinem hellsten Stern Atair und anschließend den schon nahe am Horizont liegenden Schützen. Unter dem Horizont setzt sich die Milchstraße fort und durchläuft am Südhimmel Sternbilder wie den Skorpion, Kreuz des Südens und Segel.

Stellen wir uns die Himmelssphäre kurz einmal wie die alten Griechen vor: Die dachten sie sich als große Kugel, die die Erde umgibt, und an deren Innenfläche die Sterne geheftet sind. Dann ist die Milchstraße ein Band, das die gesamte Himmelssphäre umspannt.

Viele Mythen und Legenden haben die Völker der Welt um die Herkunft und Natur der Milchstraße erfunden. Doch wohl einzig die griechischen Philosophen Demokrit und Leukipp vermuteten bereits vor zweieinhalb Jahrtausenden, das blass schimmernde Band der Milchstraße könne aus unzählig vielen Sternen bestehen, die man mit bloßem Auge nicht einzeln zu erkennen vermag.

Erst Galileo Galilei konnte diese Vermutung 1609 bestätigen, als er erstmals mit einem Fernrohr den Himmel beobachtete. Heute kann sich jeder mit einem einfachen Feldstecher selbst davon überzeugen. Doch so lange man nicht feststellen konnte, wie weit diese Sterne entfernt sind, blieb unklar, wie sie sich im Raum verteilen. Viele Astronomen versuchten, die räumliche Form der Milchstraße zu ergründen. Friedrich Wilhelm Herschel, von dem wir schon als Entdecker des Uranus gehört haben, kam 1783 zu dem Schluss, dass die Milchstraße aus zwanzig Millionen Sternen besteht, die sich in einem scheiben- oder diskusförmigen Volumen befinden. Unser Sonnensystem sollte sich etwa in dessen Zentrum befinden.

Harte Bedingungen

Ab dem Jahre 1782 saß der Astronom Friedrich Wilhelm Herschel in einem englischen Ort namens Datchet Nacht für Nacht mit seinem größten Teleskop im Garten, zählte die Sterne in der Milchstraße und vermaß ihre Positionen und Helligkeiten. Dass er hierbei nicht ernsthaft erkrankte, grenzt geradezu an ein Wunder, denn die Luft des nahe der Themse gelegenen Ortes war oft unangenehm feucht und kalt. So schrieb er am 28. Dezember 1782 in sein Tagebuch: „Das Kondenswasser fließt nach wie vor am Rohr meines Teleskops herab ... Der Boden war am Morgen so feucht, dass die Leute glaubten, es habe in der Nacht in Strömen geregnet." Um sich nicht zu erkälten, rieb sich Wilhelm Gesicht und Hände mit rohen Zwiebeln ein. Offenbar ein wirkungsvolles Mittel, denn Herschel wurde 83 Jahre alt.

Heute wissen wir, dass Herschel die räumliche Anordnung der Sterne in der Milchstraße schon recht gut beschrieben hat, auch wenn wir uns eher in einem Außenbezirk befinden. Allerdings besaß Herschel noch keine Möglichkeit, die Entfernungen der Sterne genau zu messen. Außerdem war ihm nicht bewusst, dass es in der Milchstraße ausgedehnte Staubwolken gibt, die an vielen Stellen den Blick in die Tiefen der Milchstraße verdecken. Einige dieser Wolken erkennt man mit bloßem Auge. So spaltet sich das Band der Milchstraße rechts vom Sternbild Perseus in zwei Stränge auf. Der trennende dunkle Streifen rührt nicht etwa daher, dass dort keine Sterne existieren, sondern Staubwolken verdecken dort den Blick auf dahinterliegende Regionen.

Wie die Milchstraße zwei Arme verlor

Wir befinden uns also inmitten einer riesigen Scheibe aus Sternen. Diese Position erleichtert es natürlich nicht gerade, die gesamte Form und Ausdehnung zu erfassen. Das wäre einfacher, wenn wir die Milchstraße aus großer Entfernung betrachten könnten. Dennoch ist es den Astronomen in den letzten Jahrzehnten gelungen, die Struktur unserer Welteninsel zu entschlüsseln, die Astronomen auch Galaxis nennen.

Demnach handelt es sich um eine Spiralgalaxie mit einem Durchmesser von 100 000 Lichtjahren, in dem sich rund hundert Milliarden Sterne befinden. Unsere Sonne bewegt sich zusammen mit dem Planetensystem um das 28 000 Lichtjahre entfernte Zentrum.

Vergegenwärtigen wir uns dieses scheibenförmige Sternenkarussell noch einmal bei einem Blick an den Himmel: Wenn wir das Band der Milchstraße sehen, so blicken wir in die Mittelebene der Galaxis. Schauen wir etwa senkrecht zu der Ebene in den Himmel, beispielsweise zum Sternbild Großer Wagen, so sehen wir nur noch die wenigen Sterne, die sich oberhalb der Mittelebene aufhalten.

Große Anstrengungen waren auch nötig, um die Spiral-

struktur der Milchstraße zu entwirren. Bis vor kurzem waren sich die Astronomen weitgehend einig, dass die Milchstraße vier Spiralarme besitzt. Sie werden nach ihrem Auffinden im jeweiligen Sternbild bezeichnet als Norma-, Scutum-Centaurus-, Sagittarius- und Perseus-Arm. Die Sonne sollte sich in einem kleinen Zwischenarm, dem sogenannten Orion-Arm, aufhalten. Das war eine ungewöhnliche Form, denn Spiralgalaxien mit vier Armen beobachtet man sehr selten.

In den 1990er Jahren offenbarten dann unterschiedliche Untersuchungen, dass das Zentrum von einer länglichen, balkenfömigen Struktur aus Sternen durchzogen wird, die vermutlich 27 000 Lichtjahre lang ist. Damit gehört die Galaxis zur Klasse der Balken-Spiralgalaxien, die man vielfach im Weltall sieht. Als amerikanische Astronomen im Jahre 2008 die räumliche Verteilung von mehr als hundert Millionen Sternen untersuchten, fanden sie jedoch nur noch zwei Spiralarme, den Scutum-Centaurus- und den Perseus-Arm. Diese setzen jeweils am einen Ende des Balkens an und winden sich spiralförmig nach außen. Zwei Arme findet man meistens auch bei andere Balkenspiralen. Ob dieses Bild der Galaxis nun endlich Bestand haben wird, muss die Zukunft erweisen.

Nicht gänzlich geklärt ist auch die Frage, wie diese schönen Spiralen überhaupt zustande kommen. Einiges ist aber klar: Die Arme müssen sich unabhängig von den Sternen bewegen. Diese benötigen je nach Abstand vom Zentrum unterschiedlich lange für einen Umlauf. Die Sonne beispielsweise umrundet das Zentrum alle 250 Millionen Jahre einmal. Sterne, die doppelt so weit vom Kern der Milchstraße entfernt sind, benötigen hierfür doppelt so lange. Würden sich die Spiralarme auch innen schneller drehen als außen, so würden sie sich innerhalb weniger Umläufe aufgewickelt haben. Derart verdrillte Spiralarme wurden aber noch nie beobachtet.

Die Astronomen haben deshalb eine andere Theorie für die Entstehung der Spiralarme. Demnach handelt es sich um wellenförmige Störungen im gemeinsamen Schwerefeld aller Sterne. Man kann sich ein ungestörtes Schwerefeld in etwa wie Wasser in einem Eimer vorstellen. Versetzt man es mit einem Kochlöffel oder ähnlichem in eine Drehbewegung, so entstehen in dem Wasser Wellen.

Eine spiralförmige Welle im Schwerefeld der Milchstraße bewegt sich wie ein starres Gebilde, also ähnlich wie Speichen eines Rades. Spiralwellen und Sterne sind unterschiedlich schnell. Deshalb geraten immer wieder Sterne in die Arme hinein, bleiben eine Zeit lang in diesem Bereich und verlassen ihn dann wieder. Innerhalb der Welle wirkt eine stärkere Schwerkraft auf die Körper als außerhalb, sodass diese darin abgebremst werden und sich etwas länger im Bereich der Spiralarme aufhalten als außen. Es entsteht das, was Autofahrer gar nicht mögen: ein Stau. Staus bilden sich, wenn beispielsweise in einer Baustelle der Verkehrsfluss behindert wird. Dann ist die Autodichte innerhalb dieses Engpasses größer als außerhalb.

Allerdings reicht die erhöhte Schwerkraft in einer Dichtewelle nicht aus, um die schweren Sterne lange aufzuhalten. Gaswolken hingegen werden darin zusammengestaucht. Überschreitet eine solche Wolke dabei eine bestimmte Dichte, so kann sie sich aufgrund der eigenen Schwerkraft weiter zusammenziehen und neue Sterne hervorbringen. Sterne entstehen deshalb überwiegend in den Spiralarmen und machen diese erst sichtbar, ähnlich wie Laternen nachts den Verlauf einer Straße markieren. Wie aber entstehen die Dichtewellen überhaupt?

Dies geschieht vermutlich, wenn zwei Galaxien nahe aneinander vorbeiziehen. Dann stören sich die gewaltigen Schwerefelder der beiden Galaxien gegenseitig und lösen die Wellen aus. Ob es auch noch andere Ursachen für die schönen Spiralen gibt, ist unklar.

Das verhungernde Schwarze Loch

Wir haben gesehen, dass sich in den Spiralarmen vor allem junge Sterne aufhalten. Wie sieht es nun im Zentralbereich aus, wo sich so viele Sterne in der balkenförmigen Struktur angesammelt haben?

Diese Frage ließ sich lange Zeit nicht beantworten, weil dichte Staubwolken den Blick auf das Zentrum verwehren. Sicher war schon seit Langem, dass es sich am Himmel in Richtung des Sternbildes Schütze befindet. Glücklicherweise können Infrarotstrahlen und Radiowellen dieses Dickicht durchqueren. Deshalb gelang es nach und nach, ein Geheimnis zu lüften, das das Zentrum der Galaxis lange verborgen gehalten hat.

Zunächst einmal fanden die Astronomen heraus, dass es einen zentralen kugelförmigen Bereich mit einem Durchmesser von etwa 5000 Lichtjahren gibt, in dem sich überwiegend rote Sterne aufhalten, die mehr als zehn Milliarden Jahre alt sind. Offenbar ist dieser zentrale „Wulst", wie die Astronomen sagen, als erster Baustein der Milchstraße entstanden. Als besonders spannend erwies sich aber die Frage, was sich im Zentrum dieses Bauches, und damit auch der Milchstraße, befindet. Schritt für Schritt konnten sich die Astronomen diesem geheimnisvollen Ort mit immer neuen Beobachtungsmethoden nähern. Es dauerte rund zwanzig Jahre, bis sie die Antwort gefunden hatten.

Im Radiobereich fanden amerikanische Astronomen Mitte der 1970er Jahre ein Objekt, dessen Natur unklar war. Es erhielt die Bezeichnung Sagittarius A*. Die Beobachtungsmethoden wurden immer besser, aber der Zentralkörper blieb in allen Aufnahmen stets punktförmig. Den entscheidenden Fortschritt brachten schließlich Beobachtungen von mehreren Sternen, die teilweise in weniger als einem Lichtjahr Abstand um das Zentrum kreisen. Es dauerte einige Jahre, bis man ihre Bahnen genau kannte. Dann ließ sich sehr leicht ausrechnen, wie schwer der unsichtbare Zentralkörper sein muss, der die Sterne auf ihren Umlaufbahnen hält: Es ergaben sich etwa vier Millionen Sonnenmassen. Ein Sternhaufen scheidet als Erklärung aus, weil man ihn deutlich sehen müsste. Die wahrscheinlichste Erklärung ist, dass sich im Zentrum der Milchstraße ein Schwarzes Loch befindet.

Dessen Radius beträgt zwölf Millionen Kilometer – zu wenig für eine direkte Beobachtung. Die Radiostrahlung von Sagittarius A* stammt wahrscheinlich von einer Gasscheibe, die das Schwarze Loch umgibt und leuchtet. Wenn das Schwarze Loch sehr gefräßig wäre, so wie man das in manch anderer Galaxie beobachtet hat, dann würde die Scheibe viel heller strahlen als es der Fall ist. Die Astronomen vermuten deshalb, dass dem unsichtbaren Monster die Nahrung fehlt und sprechen manchmal vom hungernden Schwarzen Loch. Es muss außerdem schon recht lange auf Diät sein, denn mit vier Millionen Sonnenmassen gehört es zu den kleinsten bekannten Schwarze Löchern, die man bislang in den Zentren von Galaxien gefunden hat. Unter welchen Umständen ein Schwarzes Loch gefüttert werden kann, lehrt uns das Studium ferner Galaxien.

Galaxien erscheinen in einem Fernrohr stets nur als verschwommene Nebelchen. Deswegen war es den Astronomen lange nicht möglich, sie von wirklichen Gasnebeln in unserer Milchstraße zu unterscheiden. Im 19. Jahrhundert entbrannte deswegen ein Streit unter den Himmelsforschern, der als „Große Debatte" in die Geschichte einging. Die einen waren der Meinung, dass es sich um Nebel in unserer Milchstraße handelt, in denen Sterne entstehen. Das bedeutete gleichzeitig, dass unser Universum ausschließlich aus der Milchstraße bestehen würde. Andere folgten der Idee des Philosophen Immanuel Kant. Der hatte schon Mitte des 18. Jahrhunderts vermutet, dass es sich um ferne Welteninseln, ähnlich der Milchstraße, handelt. Damit wäre das Universum wesentlich größer, als es die Anhänger der Nebelhypothese glaubten.

Dieser Streit ließ sich lange Zeit nicht entscheiden, weil es keine Möglichkeit gab, die Entfernungen zu den Himmelsobjekten zu messen. Das gelang schließlich dem amerikanischen Astronomen Edwin Hubble. Er entschied die Große Debatte zu Gunsten der Welteninsel-Anhänger. Im Jahre 1923 veröffentlichte er eine Arbeit, in der er die Entfernung zum Andromeda-Nebel mit 800 000 Lichtjahren bestimmte. Hubble hatte dafür eine bestimmte Art von Veränderlichen Sternen, sogenannten Delta Cepheiden, in den Außenbereichen dieses Nebels aufgespürt. Damit war klar: Dieser Nebel war kein Mitglied unserer Milchstraße, sondern eine eigenständige Galaxie. Heute wissen wir, dass die Andromeda-Galaxie eine 2,2 Millionen Lichtjahre entfernte Spiralgalaxie ist, die etwa doppelt so viele Sterne enthält wie die Milchstraße. Damit war damals auch klar, dass das Universum sehr viele andere Galaxien enthält, die jeweils mehrere hundert Milliarden Sterne beinhalten.

Hubble widmete sein gesamtes Forscherleben den Galaxien. Ähnlich wie Botaniker zunächst einmal damit beschäftigt waren, verschiedene Pflanzengattungen in ein übergeordnetes Schema einzusortieren, so legte Hubble unterschiedliche Galaxientypen fest. Glücklicherweise ist die Vielfalt im Himmel viel kleiner als die auf der Erde. Hubble unterschied lediglich vier Galaxienklassen: elliptische, Spiralgalaxien mit und ohne Balken sowie unregelmäßige (irreguläre) Galaxien.

Das Hubble-Schema lässt sich noch weiter untergliedern. So stuft man die elliptischen Galaxien (abgekürzt E) dahingehend ab, ob sie schwach oder stark abgeplattet sind und bezeichnet sie dementsprechend mit E0 bis E9. Die normalen Spiralgalaxien (S) besitzen ein helles Kerngebiet, an dem die Spiralarme ansetzen. Je nachdem, ob die Arme eng gewickelt oder weiter geöffnet sind, unterscheidet man Sa, Sb und Sc-Spiralgalaxien. Die Balkenspiralgalaxien (SB) werden mit zunehmender Ausprägung oder Länge des zentralen Balkens als SBa, SBb und SBc bezeichnet. Die irregulären Galaxien (Irr) weisen keine regelmäßige Struktur auf.

Spiralgalaxien können zwischen einer Milliarde und mehreren Billionen (tausend Milliarden) Sonnenmassen beinhalten. Die Milchstraße ist eine durchschnittliche Balkenspirale, die schätzungsweise 150 Milliarden Sonnenmassen an Sternen und Gaswolken enthält. Damit ist sie etwas größer als der Durchschnitt. In den Spiralgalaxien lassen sich dieselben Phänomene beobachten wie in der Milchstraße. Auch dort gibt es Staubwolken, in denen junge Sterne entstehen, alte Sterne, die ihre äußeren Hüllen abblasen, und explodierende Sonnen. Besser als in unserer Milchstraße lässt sich bei fernen Galaxien sehr schön beobachten, wie sich die Nester junger Sterne vornehmlich entlang der Spiralarme anordnen. Etwa die Hälfte der Sterne ist relativ jung und befindet sich in diesen Spiralen sowie dem Rest der Scheibe, die andere Hälfte ist alt und bevölkert den zentralen Wulst.

Elliptische Galaxien unterscheiden sich in verschiedener Hinsicht von den Spiralen. Ihre Form ähnelt der eines Rugby-Balls. Sie besitzen keine Spiralarme, und anders als in Spiralgalaxien gibt es so gut wie keine Wolken aus Staub und Gas. Aus diesem Grunde entstehen in elliptischen Galaxien auch keine Sterne mehr. Diese Sternsysteme umfassen einen großen Massenbereich von hunderttausend bis zehn Billionen Sonnenmassen. Die Astronomen unterscheiden deshalb Zwerg- von Riesenellipsen.

Eher unscheinbar erscheinen irreguläre Galaxien. Sie enthalten viel Gas und Staub sowie junge Sterne. Mit diesen Eigenschaften ähneln sie Spiralgalaxien, sind jedoch wesentlich kleiner. Sie besitzen keine Kernregion, Gaswolken und Sterngruppen sind regellos verteilt. Warum manche Galaxien so ungeordnet sind, ist nicht geklärt. Zumindest einige von ihnen wurden aber wahrscheinlich durch explosive Vorgänge im Innern oder durch starke Gezeitenkräfte, ausgelöst von nahen Galaxien, aufgewühlt oder nahezu zerrissen.

Heute kommt eine weitere Klasse zu Hubbles Galaxienzoo hinzu: Zwerggalaxien. Sie sind so lichtschwach, dass sie nur bei unserer Milchstraße und den nächstgelegenen Galaxien nachweisbar sind. Ihre Gesamtzahl ist deswegen auch unbekannt. Möglicherweise bilden sie sogar die häufigste Galaxienklasse im Universum. Manche Astronomen sprechen daher manchmal vom „Plankton des Universums".

Auch Galaxien sind nicht gern allein

Wir haben schon gesehen, dass viele Sterne in großen Gruppen leben. Bei Galaxien ist es nicht anders. Mit ihrer geballten Schwerkraft von Milliarden von Sternen ziehen sie sich gegenseitig an und finden sich in großen Haufen zusammen. Zwischen zehn und mehr als tausend Galaxien können sich in einem Raum finden, der einige zehn Millionen Lichtjahre Durchmesser besitzt kann. Galaxienhaufen sind damit die größten bekannten Gebilde im Universum, die durch die Schwerkraft zusammengehalten werden.

Die Milchstraße gehört zusammen mit rund dreißig weiteren Galaxien zu einem kleinen Haufen mit fünf Millionen Lichtjahren Durchmesser, der Lokalen Gruppe. Die drei größten Mitglieder sind die Andromeda-Galaxie, die Milchstraße und Messier 33 im Sternbild Dreieck. Alle drei sind Spiralgalaxien. Die Lokale Gruppe gehört jedoch zu dem wesentlich größeren Lokalen Superhaufen, in dessen Zentrum sich der Virgo-Galaxienhaufen befindet. Das ist eine Ansammlung von etwa 2500 Galaxien in einer mittleren Entfernung von sechzig Millionen Lichtjahren.

Auf Fotos, die im sichtbaren Licht aufgenommen wurden, erscheint der Raum zwischen den Galaxien gänzlich leer. Das ändert sich jedoch grundlegend, wenn man die Haufen in Röntgenlicht beobachtet. Dann erkennt man zwischen den Galaxien ein leuchtendes Gas. Im sichtbaren Licht macht es sich nicht bemerkbar, weil es eine Temperatur um 100 Millionen Grad besitzt. Ein derart heißes Gas sendet nur Röntgenlicht aus. Weil dieses die Erdatmosphäre nicht durchdringen kann, sind Teleskope im Weltraum nötig, um es zu beobachten. Deshalb wurde es erst relativ spät entdeckt. Heute wissen die Astronomen, dass dieses intergalaktische Gas mehr Masse enthält als alle Galaxien eines Haufens zusammen. Im 300 Millionen Lichtjahre entfernten Galaxienhaufen im Sternbild Perseus beispielsweise besitzt das Röntgengas rund sechs-mal mehr Masse als die Galaxien.

Woher die sehr dünn verteilte Materie stammt, ist nicht geklärt. Es könnte sich um Gas handeln, das Supernovae aus den Galaxien herausgeblasen haben. Möglicherweise sind es zumindest teilweise Reste aus der Entstehungsphase des Universums, die sich nicht in den Galaxien angesammelt haben. Aufgeheizt wird es eventuell durch die Reibung mit den Galaxien, die mit Geschwindigkeiten von rund einer Million Kilometer pro Stunde durch das Gas hindurchrasen.

Dunkle Materie beherrscht die Galaxien

Spiralgalaxien scheinen den physikalischen Gesetzen zu widersprechen. Diese überraschende Entdeckung machten amerikanische Astronomen Mitte der 1970er Jahre, als sie Umlaufgeschwindigkeiten der Sterne vermaßen. Nach den bekannten physikalischen Gesetzen müssten die Sterne mit zunehmendem Abstand vom Zentrum immer langsamer werden. Tatsächlich aber bleiben die Geschwindigkeiten in etwa gleich. Die äußeren Sterne sind damit so schnell, dass die Schwerkraft der übrigen Sterne sie eigentlich gar nicht in dem rotierenden Sternenrad halten kann. Einfach gesagt: Die Spiralgalaxien müssten auseinanderfliegen wie ein Kettenkarussell, an dem man bei rasender Fahrt die Seile durchtrennt. Wie von unsichtbarer Hand werden die Sternsysteme zusammengehalten. Das ist bei allen Spiralgalaxien der Fall, auch bei unserer Milchstraße.

Eine ähnlich überraschende Beobachtung machten Astronomen bei Galaxienhaufen. In ihnen schwirren die Galaxien mit großen Geschwindigkeiten umher, ähnlich wie Mücken in einem Schwarm. Eine genaue Analyse der Geschwindigkeiten zeigt: Die gesamte Schwerkraft der Haufen reicht nicht aus, um die Galaxien an den Verband zu fesseln. Auch hier scheint eine unsichtbare Kraft im Spiel zu sein.

Um dieses seltsame Phänomen erklären zu können, postulierten Astrophysiker die Existenz einer unbekannten Materieart: Dunkle Materie. Nach heutigem Wissen handelt es sich um Elementarteilchen, die sich von den Bausteinen der normalen Materie grundlegend unterscheiden. Sie besitzen keine elektrische Ladung, sie verschlucken keine Strahlung und senden auch keine aus. Deshalb sind sie unsichtbar. Aber sie besitzen eine Masse und üben deshalb Schwerkraft aus.

Die Dunkle Materie hat sich in gigantischen Wolken angesammelt, in denen die Galaxien „schweben." Sie hält die rotierenden Sternenräder zusammen. Außerdem befinden sie sich dadurch auch im Innern der Galaxienhaufen und binden die rasend schnellen Galaxien aneinander wie ein unsichtbarer Klebstoff.

Das gesamte Universum ist mit Dunkler Materie angefüllt. Sie trägt sechsmal mehr zur insgesamt im Universum vorhandenen Materie bei als die uns bekannte Materie. Alles, was wir sehen und fühlen, ist also nur ein kleiner Teil der Welt – die Spitze des Eisberges gewissermaßen.

Doch obwohl uns die Dunkle Materie umgibt und jeden Tag vermutlich Milliarden ihrer Teilchen unseren Körper durchqueren, ist bislang jeder Versuch fehlgeschlagen, auch nur eines von ihnen direkt im Labor nachzuweisen. Deshalb kann man bislang die Eigenschaften dieser rätselhaften Materie nur aus astronomischen Beobachtungen erschließen. Wie wir im nächsten Kapitel noch sehen werden, war die Dunkle Materie letztlich sogar dafür verantwortlich, dass es uns Menschen gibt. Denn ohne ihre Schwerkraftwirkung wären niemals Sterne entstanden.

Galaktische Kannibalen

In einem großen Galaxienhaufen kann es recht turbulent zugehen. Nehmen wir als Beispiel den nächsten großen Vertreter seiner Art im Sternbild Coma Berenice, dessen Zentrum 320 Millionen Lichtjahre entfernt ist. In einem etwa kugelförmigen Volumen mit zehn Lichtjahren Durchmesser tummeln sich mehr als tausend Galaxien. Der Abstand zwischen zwei Galaxien beträgt deswegen durchschnittlich nur etwa 500 000 Lichtjahre, was etwa dem fünffachen Durchmesser einer Spiralgalaxie entspricht. Die Galaxien kommen sich also schon recht nahe und können auch zusammenstoßen. Das ist der größte denkbare Crash, der sich im Universum ereignen kann. Was passiert dabei?

Den Sternen geschieht hierbei im Allgemeinen nichts, weil sie so außerordentlich dünn verteilt sind. Wie wir schon gesehen haben, ist die durchschnittliche Entfernung zwischen zwei Sternen einige zehnmillionenmal größer als ihr Durchmesser. Denkt man sich die Sterne auf die Größe von Tennisbällen verkleinert, so würden nur drei bis vier auf der Fläche Deutschlands Platz finden. Stoßen zwei Galaxien zusammen, so ist die Wahrscheinlichkeit, dass hierbei auch zwei Sterne aufeinanderprallen, extrem gering. Dennoch bleiben solche kosmischen Crashs nicht folgenlos. Nähern sich zwei Galaxien einander, so stören sich die beiden Schwerkraftfelder. Es treten starke Gezeitenkräfte auf, die Gas- und Staubmassen in Form langer Arme aus den Sternsystemen herausziehen.

Das markanteste und uns am nächsten gelegene Beispiel ist die 63 Millionen Lichtjahre entfernte Antennen-Galaxie im Sternbild Rabe. Hier durchdringen sich gerade zwei Spiralgalaxien. In der Kollisionszone wirbeln riesige Staubwolken chaotisch umher und verdichten sich an vielen Stellen zu neuen Sternen. Geradezu explosionsartig hat die Sternentstehung eingesetzt. Über tausend Sternhaufen sind auf Bildern des Weltraumteleskops Hubble erkennbar, von denen die größten etwa eine Million Sterne enthalten. Rund eine Milliarde Sterne bilden sich dort innerhalb kurzer Zeit. Ein breites Staubband dehnt sich zwischen den beiden Galaxiekernen aus; auch in ihnen werden sich zukünftig noch weitere Sterne bilden. Damit die riesigen Sternsysteme so verformt werden, wie die Antennen-Galaxie, müssen sie sich nicht einmal durchdringen. Ein naher Vorbeiflug reicht für die Wirkung der Gezeitenkräfte schon aus.

Wie die Zukunft von zwei kollidierenden Galaxien aussieht, hängt von mehreren Größen ab, wie den Massen der beiden, dem gegenseitigen Abstand und dem Winkel, unter dem sie aufeinanderzufliegen. Unter bestimmten Bedingungen ist es möglich, dass eine Galaxie die andere verschlingt.

Besonders gefräßige Exemplare können so auf Kosten der kleineren auf die hundertfache Größe der Milchstraße anwachsen. Diese „Kannibalen“ sitzen häufig im Zentrum eines Galaxienhaufens wie Spinnen im Netz, die auf ihr nächstes Opfer warten. Erstaunlicherweise sind dies stets elliptische Galaxien. Astronomen erklären sich dies auf folgende Weise:

Computerrechnungen haben gezeigt, dass elliptische Galaxien entstehen, wenn zwei Spiralgalaxien zusammenstoßen und sich vereinen. Die 200 Millionen Lichtjahre entfernte elliptische Galaxie mit der Bezeichnung NGC 4816 ist sehr wahrscheinlich auf diese Weise entstanden. Sie besitzt einen viermal größeren Durchmesser als die Milchstraße und weist rein äußerlich keine Besonderheiten auf. Mit dem Weltraumteleskop Hubble entdeckten Astronomen jedoch im Zentralbereich eine Gasscheibe, die nur etwa ein Zwanzigstel des Galaxiendurchmessers besitzt. Sie ist für elliptische Galaxien sehr ungewöhnlich, da diese normalerweise so gut wie gar kein Gas enthalten. Außerdem fanden Forscher heraus, dass die Sterne in den Außenbereichen der Galaxie entgegen dem Uhrzeigersinn um das Zentrum kreisen, die Scheibe sich hingegen mit dem Uhrzeigersinn dreht. Dies ist ein nahezu eindeutiger Beweis dafür, dass vor einigen Milliarden Jahren zwei gegensinnig rotierende, vermutlich spiralförmige Galaxien miteinanderverschmolzen sind. Äußerlich haben sie sich zu einer scheinbar ungestörten Ellipse vereinigt. Im Innern aber ist ihr ehemals eigenständiges Leben noch erkennbar.

NGC 4816 ist nur eines von mehreren Beispielen, bei denen Astronomen Galaxien-Kannibalismus nachweisen konnten. Es gibt auch elliptische Galaxien, in denen sich zwei oder gar drei Kerngebiete von ehemals eigenständigen Galaxien ausmachen lassen. Diese Fälle bestätigen die Vermutung, dass sämtliche elliptischen Galaxien aus dem Verschmelzen von Spiralgalaxien hervorgegangen sind. Diese kosmischen Zusammenstöße ereigneten sich im jungen Universum viel häufiger als heute, weil sich das All seit dem Urknall beständig ausdehnt. Deswegen muss in früheren Zeiten ein größeres Galaxiengedrängel geherrscht haben als heute.

Unsere Milchstraße scheint bislang noch keinen Unfall mit Totalschaden erlitten zu haben, denn sie ist eine Spiralgalaxie. Doch vielleicht steht ihr dieses Schicksal bevor. Die Astronomen wissen nämlich, dass die Andromeda-Galaxie sich mit rund 500 000 Kilometern pro Stunde auf die Milchstraße zubewegt. Ob es in etwa zwei Milliarden Jahren zu einem Frontalzusammenstoß kommt und beide im Verlaufe von einigen hundert Millionen Jahren – so lange dauern die galaktischen Unfälle – zu einer großen elliptischen Galaxie verschmelzen, ist aber ungewiss. Die Astronomen kennen nämlich die räumliche Bewegung der Andromeda-Galaxie bislang nicht, sondern nur jene Komponente, die auf die Milchstraße zuweist. Menschen würden dieses galaktische Großereignis mit großer Wahrscheinlichkeit ohnehin nicht mehr beobachten. Vielleicht werden aber zukünftige Zivilisationen über einen Nachthimmel staunen, der von dem Feuerrad der Andromeda-Galaxie und unzähligen Sternhaufen beherrscht wird.

Mit dem Raumschiff Erde durch das All

Wenn wir abends im Sessel oder auf dem Sofa sitzen, scheinen wir uns in Ruhe zu befinden. Dieser Eindruck war stets eines der Argumente gegen die Behauptung, die Erde würde sich um die Sonne bewegen und um die eigene Achse drehen. Doch der Schein trügt. In Wirklichkeit rasen wir auf dem Rauschiff Erde mit unglaublich hoher Geschwindigkeit durchs All. Dies sind die Ursachen: Wegen der Erdrotation bewegt sich ein Mensch am Äquator mit 1666 km/h, in Berlin mit 1020 km/h. Gleichzeitig kreist die Erde mit 107 000 km/h um die Sonne, und das Sonnensystem rast mit 800 000 km/h um das Zentrum der Milchstraße.

Wenn Schwarze Löcher aktiv werden

Unsere Milchstraße ist eine ganz normale Spiralgalaxie. Nicht zu groß und nicht zu klein, mit einer moderaten Sterngeburtenrate und einem eher etwas klein geratenen Schwarzen Loch im Zentrum. Es kann aber auch ganz anders zugehen in einer Galaxie, zum Beispiel in den sogenannten Radiogalaxien. Wie der Name schon sagt, strahlen sie besonders intensiv im Radiowellenbereich. Cygnus A im Sternbild Schwan war das erste bekannte Exemplar eines solchen Sternsystems. Es wurde bereits 1944 entdeckt, als die Radioastronomie noch in den Kinderschuhen steckte. Die wahre Natur erkannten die Astronomen erst in den 1970er Jahren.

Cygnus A ist eine 650 Millionen Lichtjahre entfernte elliptische Galaxie, deren gewaltige Radiostrahlung gar nicht von ihr selbst, sondern von zwei riesigen Gaswolken kommt, die sich auf zwei entgegengesetzten Seiten der Galaxie befinden. Diese Blasen sind die Bugwellen zweier Gasstrahlen, sogenannter Jets, die aus dem Zentrum hervorschießen. Jeder Jet ist etwa 250 000 Lichtjahre lang.

Heute sind sehr viele Jet-Galaxien bekannt, deren Gasstrahlen bis zu einige Millionen Lichtjahre weit ins All vordringen können. Welche Art von Teilchen in dem Jet strömen, lässt sich nicht eindeutig feststellen. Wahrscheinlich sind es Elektronen und möglicherweise auch deren Antiteilchen, Positronen, die mit nahezu Lichtgeschwindigkeit ins All hinausschießen. Der Beschleuniger sitzt im Zentrum der Radiogalaxie, und dabei kann es sich nach Meinung der Astronomen nur um ein Schwarzes Loch handeln. Nur diese Schwerkraftgiganten sind theoretisch in der Lage, die nötige Energie zu liefern. Sie sind es auch, die die hellsten Himmelskörper im Universum antreiben: die Quasare.

Quasare sind wegen ihrer enormen Leuchtkräfte noch bis in Milliarden von Lichtjahren Entfernung sichtbar. Auch bei ihnen war anfangs nicht klar, worum es sich handelt. Sie erschienen nämlich immer punktförmig, wie Sterne, weswegen sie zunächst die Bezeichnung quasi-stellare Objekte erhielten. Die entscheidende Frage lautete wieder: Wie weit sind diese Himmelskörper entfernt? Das fand 1963 der aus Holland stammende Astronom Maarten Schmidt heraus, als er am Mount-Palomar-Observatorium in Kalifornien ein Spektrum des Quasars mit der Bezeichnung 3C273 analysierte. Zu seiner großen Überraschung fand Schmidt heraus, dass der Himmelskörper 1,5 Milliarden Lichtjahre entfernt ist. Damit musste der Quasar hundertmal heller strahlen als unsere gesamte Galaxie – obwohl er nicht größer als ein Stern zu sein schien.

In den 1970er Jahre entdeckten Astronomen dann um einige Quasare herum schwache, diffuse Nebel. Es waren ganze Galaxien. Quasare sind also ungewöhnlich helle und kompakte Zentralregionen von Galaxien. In einem Gebiet von der Größenordnung unseres Planetensystems entsteht bis zu zehntausendmal so viel Strahlung wie sie alle Sterne der Milchstraße zusammen abstrahlen. Dies lässt sich derzeit nicht anders erklären, als mit dem Einsturz von Materie in ein Schwarzes Loch.

Wie wir schon gesehen haben, zieht ein Schwarzes Loch Materie aus der Umgebung an. Die Schwerkraft ist so gewaltig, dass Sterne, die ihm zu nahe kommen, zerrissen werden. Das Gas bewegt sich zunächst in einem scheibenförmigen Gebilde um das Schwarze Loch herum. Durch Reibung zwischen den Gasteilchen verlieren diese an Bewegungsenergie, strömen deshalb in einer spiralförmigen Bahn immer weiter nach innen und stürzen schließlich in das Schwarze Loch hinein. In der Scheibe werden dabei enorme Energiemengen frei. Ein Gramm Wasserstoffgas erzeugt schätzungsweise tausendmal mehr Energie als dieselbe Menge bei der Kernfusion im Innern der Sterne. Ein leuchtkräftiger Quasar muss pro Jahr Materie mit einer Gesamtmenge von etwa einer Sonnenmasse verschlingen, um die beobachtete Energie abzustrahlen.

Diese Gefräßigkeit erklärt auch die Größe der zentralen Schwarzen Löcher. Vermutlich sind sie ursprünglich bei der Explosion einer Supernova entstanden und besaßen vielleicht zehn Sonnenmassen. Dann haben sie ihre Umgebung leergesaugt und sind im Laufe von einigen hundert Millionen Jahren zu einem Quasarkern herangewachsen. Die größten bekannten Schwarzen Löcher beinhalten die Masse von einigen Milliarden Sonnen.

Die um ein Schwarzes Loch herumwirbelnden Gasscheiben sind auch die Erklärung für jene Jets, die man nicht nur bei den beschriebenen Radiogalaxien, sondern auch bei vielen Quasaren gefunden hat. Das Material in der Scheibe wird so heiß, dass vermutlich Elektronen und Positronen entstehen. Diese elektrisch geladenen Teilchen werden in zwei entgegengesetzte Richtungen senkrecht zur Scheibe ausgestoßen und bilden die Jets. Wie dies genau geschieht, ist nicht gänzlich geklärt. Starke Magnetfelder müssen hierbei eine entscheidende Rolle spielen.

Da Quasare leuchtkräftiger sind als alle anderen Himmelskörper, lassen sie sich über Milliarden von Lichtjahren hinweg beobachten. Ihr Licht erreicht uns aus der frühen Jugend des Universums. Die entferntesten bekannten Quasare sandten das heute von ihnen empfangene Licht aus, als das Universum knapp eine Milliarde Jahre alt war. Das Weltalter beträgt nach heutigem Wissen 13,7 Milliarden Jahre.

Astronomen haben herausgefunden, dass nicht zu jeder Zeit gleich viele Quasare existierten. Zunächst einmal mussten die Schwarzen Löcher wachsen, bevor sie ihre enorme Helligkeit erreichten. Etwa zwei Milliarden Jahre nach dem Urknall flammten dann innerhalb kurzer Zeit die meisten aller Quasare auf. Diese Aktivität flaute innerhalb von ein bis zwei Milliarden Jahren wieder ab und sank bis heute kontinuierlich. In der näheren Umgebung der Milchstraße – anders gesagt: in jüngerer Vergangenheit – finden sich kaum noch Quasare.

Warum sich die Quasare auf diese Weise entwickelt haben, ist nicht geklärt. Eine These besagt, dass jede Galaxie in ihrem Zentralgebiet ein Schwarzes Loch beherbergt. Nur wenn dieses „gefüttert" wird, ihm also Nahrung in Form von Gas zugeführt wird, kann es hell aufleuchten. Diese Fütterung können nahe vorbeifliegende Galaxien übernehmen. Mit ihrer Schwerkraft wirken sie auf das Gas in der Scheibe ein und lösen darin Turbulenzen aus, so dass vermehrt Materie in das Schwarze Loch hineinstrudelt. Die Antennen-Galaxie ist ein gutes Beispiel hierfür. Da sich die Galaxien in der Zeit der Quasarepoche rund vierzigmal näher waren als heute, kam es damals auch häufiger zu Kollisionen.

Und damit sind wir bei den grundlegenden Fragen der Kosmologie angelangt: Wie ist diese Welt entstanden, wie konnten sich die Galaxien bilden? Die Antworten hierauf sind ganz eng mit zwei geheimnisvollen „Akteuren" verbunden: der Dunklen Materie und Dunklen Energie.

7. Fand der Urknall im Sternbild Chemischer Ofen statt? Anfang und Ende der Welt

Am Ende des letzten Kapitels haben wir erfahren, dass Astronomen Quasare gefunden haben, deren Licht fast 13 Milliarden Jahre lang bis zu uns unterwegs war. Mit größeren Teleskopen, wie sie zur Zeit geplant sind, werden noch entferntere Himmelskörper sichtbar werden. Wird es dann irgendwann sogar möglich sein, den Beginn der Welt, den Urknall selbst zu sehen? Und wird der an einer bestimmten Himmelsposition auftauchen, beispielsweise im Sternbild Chemischer Ofen? Die Antwort auf beide Fragen lautet: Nein. Begeben wir uns auf eine Reise an den Beginn von Raum und Zeit.

Die heiße Geburt aus einem Punkt heraus

Die Geschichte des Urknalls begann mit Edwin Hubble. Er hatte nicht nur als Erster die Entfernungen der Galaxien gemessen, sondern 1929 auch festgestellt, dass sich fast alle Galaxien von uns fortbewegen. Erstaunlicherweise wuchs diese sogenannte Fluchtgeschwindigkeit mit der Entfernung der Galaxien an.

Zunächst war nicht klar, was diese Entdeckung zu bedeuten hatte. Befand sich die Milchstraße etwa im Zentrum des Weltalls, und alle Galaxien flogen von uns fort? Die Antwort lag in Einsteins Allgemeiner Relativitätstheorie verborgen.

Schon Jahre vor Hubbles Entdeckung hatte sich in Sankt Petersburg ein junger Mathematiker namens Alexander Friedmann mit der Frage beschäftigt, wie der Raum des Universums gekrümmt sein könnte. Bei seinem rein theoretischen Vorgehen stieß er auf ganz unterschiedliche Lösungen. Demnach konnte der Raum in sich geschlossen sein, wie die Oberfläche einer Kugel, oder unbegrenzt sein und die Form eines Sattels besitzen. Zu seiner Überraschung dehnten sich aber so gut wie alle möglichen Universen aus oder zogen sich zusammen. Sogar eine Welt, die rhythmisch pulsierte, schien möglich.

Einstein konnte sich mit dieser Vorstellung gar nicht anfreunden. Er war fest davon überzeugt, dass die Ausdehnung des Universums immer gleich sei. Dabei blieb es jahrelang, bis Hubble die Galaxienflucht entdeckte. Nun bekamen Friedmanns Lösungen plötzlich einen Sinn: Das Universum dehnt sich aus! Die Bewegung der Galaxien hatte ihre Ursache nicht in einer Explosion, die irgendwo im Raum stattgefunden und die Materie auseinandergetrieben hatte. Sondern der Raum an sich dehnt sich aus und alle Galaxien nehmen an dieser Expansion teil.

Dies lässt sich wieder mit unserem Gummituch-Universum veranschaulichen. Auf ihm sollen einige Reißzwecken festgesteckt sein, die die Galaxien symbolisieren. Zieht man nun das Tuch an allen vier Seiten auseinander, so werden sich die Reißzwecken voneinanderentfernen – ohne, dass sie sich eigenständig bewegen.

Dieses Modell erklärt auch, warum die Fluchtbewegung der Galaxien mit dem Abstand wächst. In Gedanken legen wir eine der Reißzwecken als Milchstraße fest und dehnen das Tuch beispielsweise um die doppelte Kantenlänge. Am Anfang und Ende dieser Prozedur messen wir die Abstände der Reißzwecken. Dann werden wir feststellen, dass sich nahe gelegene Galaxien nicht so weit von unserer Milchstraßen-Reißzwecke entfernt haben wie weit entfernte. Das bedeutet, dass nahe Galaxien mit geringerer Geschwindigkeit von uns fortstreben als entfernte. Das Modell veranschaulicht auch, dass wir nicht im Zentrum des Universums leben. Von jeder beliebigen Reißzwecke aus ergibt sich nämlich derselbe Eindruck.

Wenn sich das Universum heute ausdehnt, dann muss es in der Vergangenheit einmal kleiner gewesen und schließlich sogar in einem Punkt vereint gewesen sein. Aus diesem Punkt ist das Universum im Urknall entstanden. Diese Idee war noch ungeheuerlicher als die der Expansion des Raumes. Als Erster entwickelte sie der belgische Priester und Mathematiker Georges Lemaître gegen Ende der 1920er Jahre. Er erregte damit zwar großes Aufsehen unter den Kollegen, aber kaum jemand wollte an die Geburt des Universums aus einem „Superatom", wie Lemaître schrieb, glauben. Auch Einstein sträubte sich lange gegen diese Vorstellung. Erst Mitte der 1930er Jahre war er von der Richtigkeit des expandierenden Universums überzeugt.

Dennoch blieb die Vorstellung, das Weltall mit seiner riesigen Zahl an Galaxien sei aus einem Punkt entstanden, für viele Wissenschaftler ungeheuerlich. Und im Grunde ist sie es bis heute geblieben. Die Urknalltheorie besagt, dass Raum und Zeit im Urknall erst entstanden sind. Es ist also eine falsche Vorstellung, den Urknall irgendwo in einem bereits vorhandenen Raum stattfinden zu lassen. Das würde tatsächlich bedeuten, dass man ihn vielleicht irgendwann einmal am Himmel entdecken könnte. Nach heutiger Vorstellung gab es aber den Raum, sprich unser Universum, vor dem Urknall gar nicht. Wenn man die Möglichkeit hätte, den Urknall zu beobachten, dann müsste er den gesamten Himmel erfüllen.

Zur Veranschaulichung stellen wir uns wieder unser Gummituch-Universum vor. Doch dieses Mal ist es nicht flach, sondern besitzt die Oberfläche eines Luftballons. Bläst man ihn auf, so dehnt sich die Oberfläche aus. Auch in diesem Fall würde man nicht sagen, dass die Luftballonoberfläche an einer bestimmten Stelle entstanden sei. Sie erschafft sich ständig neu. Mit dem Raum ist es genauso.

Eine der faszinierendsten Konsequenzen der Urknalltheorie ist, dass die Weichen für die Entwicklung des Universums bereits in den ersten milliardstel Sekunden nach dem Urknall gestellt wurden. Und schon nach drei Minuten war die gesamte Materie fertig produziert.

Anfangs existierten Strahlung und Materie unter unvorstellbar hoher Dichte und Temperatur. In großen Beschleunigern schießen Physiker Elementarteilchen aufeinander und erzeugen ähnliche Verhältnisse, wie sie kurz nach dem Urknall herrschten. Auf diese Weise konnte man sich bislang dem Beginn der Welt bis auf etwa eine milliardstel Sekunde nähern. Mit dem neuen Teilchenbeschleuniger Large Hadron Collider (LHC), der im Frühjahr 2009 im europäischen Teilchenlabor CERN in Genf anlaufen soll, wollen die Forscher sogar bis auf weniger als eine zehnmilliardstel Sekunde zum Zeitpunkt null vordringen. Alles, was in der winzigen Zeitspanne davor geschah, ist spekulativ. Schauen wir uns die ersten drei Minuten einmal genauer an.

In dem ersten winzigen Zeitraum bis 10^{-43} Sekunden nach dem Urknall waren vermutlich alle vier Naturkräfte zu einer einzigen Kraft vereint. (10^{-43} Sekunden bedeutet, dass erst die 43. Stelle nach dem Komma eine 1 ist.) Es gibt keine physikalische Theorie, die diese erste Phase beschreibt. Das Universum dehnte sich aus, und möglicherweise setzte nach 10^{-35} Sekunden eine sogenannte Inflationäre Phase ein, in der sich das Universum mit Überlichtgeschwindigkeit ausdehnte. Das widerspricht nicht der Relativitätstheorie. Nach ihr können sich keine Körper und keine Information schneller als das Licht bewegen. Dem Raum an sich ist dies aber möglich.

Am Ende dieser Phase war das Universum nicht größer als ein Tischtennisball. Die folgenden Etappen lassen sich mit heutigen Theorien beschreiben und sind teilweise experimentell nachvollziehbar.

Nach einer millionstel Sekunde: Die Temperatur beträgt mehr als 10^{13} Grad, die Dichte mehr als 10^{16} Gramm pro Kubikzentimeter (entsprechend zehn Billionen Tonnen pro Kubikzentimeter). Atome gibt es wegen der enorm hohen Temperatur noch nicht, die Materie bildet ein ungeordnetes Gemisch aus Strahlung, Quarks und Antiquarks, Elektronen und deren Antiteilchen (Positronen) sowie Neutrinos.

Eine millionstel Sekunde bis eine Sekunde: Der Weltradius wächst, die Temperatur fällt auf zehn Milliarden Grad. Teilchen und Antiteilchen vernichten sich gegenseitig und gehen in Strahlungsblitzen auf. Hier geschieht etwas Wunderbares und bisher Unerklärliches. Eigentlich hätte es damals genauso viel Materie wie Antimaterie geben müssen. Doch wenn dies der Fall gewesen wäre, dann gäbe es heute im Universum ausschließlich Strahlung. Astrophysiker können heute ausrechnen, dass bei dem Zerstrahlen von jeweils mehreren Milliarden Materie-Antimaterie-Paaren ein Teilchen übrig geblieben sein muss. Das ist etwa so, als würden an einem Tag alle auf der Erde lebenden Männer und Frauen heiraten, und dabei bliebe ein Mensch übrig. Das erscheint wenig, ist aber weitaus mehr als ein rein zufälliger Überschuss. Dieser winzigen Abweichung vom absoluten Gleichgewicht zwischen Materie und Antimaterie verdanken wir unsere Existenz. Es ist eine der bedeutendsten Aufgaben der modernen Physik, herauszufinden, warum die Natur die eine Materieart geringfügig bevorzugte. Am Ende dieser ereignisreichen Phase lagern sich jeweils drei Quarks zu einem Proton, dem Baustein der Atomkerne, zusammen. Nun besteht das Universum aus einem Gemisch von Strahlung, Elektronen, Protonen, Neutronen und Neutrinos.

Eine Sekunde bis drei Minuten: Die Temperatur fällt auf einige hundert Millionen Grad. Protonen und Neutronen lagern sich zusammen und bilden Atomkerne der leichten Elemente. Es entstehen fast ausschließlich Wasserstoff und Helium, in ganz geringen Mengen auch Lithium, Beryllium und Bor. Damit war die Materie, aus der später die ersten Sterne entstanden, fertig.

Was ist Antimaterie?

Zu jedem Elementarteilchen gibt es ein Antiteilchen. Beide besitzen dieselbe Masse, haben aber sonst entgegengesetzte Eigenschaften. So ist beispielsweise das Antiproton genauso schwer wie das (positiv geladene) Proton, besitzt aber eine genau gleich große, jedoch entgegengesetzte (negative) elektrische Ladung. Im Universum gibt es keine Antimaterie mehr, die im Urknall entstanden ist. Antimaterie kann aber bei sehr energiereichen Vorgängen, zum Beispiel in der Nähe von Schwarzen Löchern und Neutronensternen entstehen. Kommt sie in Kontakt mit normaler Materie, so zerstrahlt sie vollständig. Erst diese sogenannte Vernichtungsstrahlung verrät die ehemalige Existenz der Antimaterie. Antiteilchen entstehen außerdem beim radioaktiven Zerfall von Atomkernen und in Beschleunigern, wo Teilchen mit großen Geschwindigkeiten aufeinanderprallen und zerplatzen.

Zunächst war das Gas noch so heiß, dass Atomkerne und Elektronen frei umherflogen. Lichtstrahlen konnten sich in diesem Gedränge kaum fortbewegen. Ständig stießen sie mit den Teilchen, vor allem den Elektronen, zusammen und änderten ihre Richtung. Das Urgas war damals also noch undurchsichtig, ähnlich wie ein dichter Nebel. Doch in dem

Maße, in dem sich der Raum ausdehnte, verdünnte sich das Gas und kühlte ab. Nach etwa 380 000 Jahren war die Temperatur auf 3000 Grad gesunken. Jetzt lagerten sich die Elektronen an die Atomkerne an und vereinigten sich zu den ersten Wasserstoff- und Heliumatomen. Von da an konnten die Elektronen das Licht nicht mehr an seiner Ausbreitung hindern. Der Nebel lichtete sich, das Universum wurde durchsichtig.

Geburtshelfer Dunkle Materie

Die in diesem Zeitraum freiwerdende Strahlung durchzieht noch heute das Universum. Sie wird kosmische Hintergrundstrahlung genannt und von amerikanischen Theoretikern Mitte der 1940er Jahre vorhergesagt. Entdeckt wurde sie 1965 eher zufällig von den amerikanischen Physikern Arno Penzias und Robert Wilson, die bei den Bell Telephone Laboratories in Holmdell, New Jersey, damit beschäftigt waren, eine Antenne für die Kommunikation mit Satelliten zu optimieren. Zu ihrer Verärgerung blieb aber stets ein unerklärliches Rauschen im Empfänger. Es kam aus allen Himmelsrichtungen mit gleicher Intensität und zeigte über fast ein ganzes Jahr hinweg keinerlei Veränderungen. Penzias und Wilson gingen allen möglichen Ursachen nach, selbst Vogelmist kratzten sie von der Antenne ab. Aber das Rauschen blieb.

Als eine Gruppe von Kosmologen an der Universität Princeton davon erfuhr, war ihnen sofort klar: Penzias und Wilson hatten die kosmische Hintergrundstrahlung entdeckt. Dies war der entscheidende Durchbruch für die Urknalltheorie. Penzias und Wilson wurden 1978 mit dem Physik-Nobelpreis geehrt. Die Kosmologen in Princeton gingen leer aus.

Die kosmische Hintergrundstrahlung ist nicht nur ein wichtiges Beweisstück für die Vertreter der Urknalltheorie, sondern sie enthält auch eine Fülle von Informationen über den damaligen Zustand des Universums. Vor allem sollten sich in ihr Verdichtungen aufspüren lassen, aus denen später die ersten Galaxien entstanden sind. Allerdings ist die kosmische Hintergrundstrahlung so schwach, dass ihre Vermessung der Aufgabe ähnelt, das Summen einer Biene aufzunehmen, die durch eine laute Maschinenhalle fliegt.

In den 1970er Jahren gelang es erstmals, die kosmische Hintergrundstrahlung zu beobachten. Sie findet sich am gesamten Firmament, die vorhergesagten Verdichtungen, die Ur-keime der Galaxien, blieben jedoch unauffindbar. Dieses Kunststück gelang erst 1992. Mit dem amerikanischen Satellitenteleskop COBE fanden Astronomen endlich die lang ersehnten „Flecken".

Alle Welt schwärmte von der Entdeckung des heiligen Grals der Kosmologie, die 2006 mit einem Physik-Nobelpreis belohnt wurde. Doch die Sache hatte einen Haken: Die aufgefundenen Flecken entsprachen Verdichtungen im Urgas, deren Dichte nur einige hundertstel Promille über der durchschnittlichen Dichte lag. Konnten diese schwach ausgeprägten Wolken wirklich die Keime der Galaxien sein? Jeder noch so kleine Materieüberschuss übt zwar eine verstärkte Schwerkraft aus und zieht weitere Materie aus der Umgebung an. Diesem Vorgang wirkt aber die Expansion des Raumes, welche die Materieteilchen voneinanderentfernt, entgegen. Die Berechnungen besagten eindeutig, dass sich aus diesen dünnen Wolken niemals bis heute Galaxien entwickeln konnten. Des Rätsels Lösung kann nach heutigem Wissen nur die Dunkle Materie sein.

Wie wir im letzten Kapitel gesehen haben, machen sich diese Teilchen einzig und allein über ihre Schwerkraft bemerkbar. Nach dem Urknall sammelten sich die Dunkle-Materie-Teilchen in riesig großen Wolken an. Auf den Bildern der kosmischen Hintergrundstrahlung tauchen sie nicht auf, weil sie keine Art von Strahlung aussenden oder verschlucken. Aber diese unsichtbaren Nebel zogen mit ihrer

Schwerkraft aus der Umgebung die normale Materie an und sorgten dafür, dass diese sich wesentlich schneller verdichten konnte, als sie es ohne die Dunkle Materie vermocht hätte. Die Dunkle Materie wirkte gewissermaßen als Geburtshelfer der Sterne und Galaxien. Ohne diese geheimnisvolle Substanz gäbe es auch uns Menschen nicht.

Welche Farbe hat das Universum?

Amerikanische Astronomen haben vor einigen Jahren das Licht von 200 000 Galaxien in einem Umkreis von drei Milliarden Lichtjahren um die Milchstraße aufgenommen und überlagert. Diese Mischung ergab ein blasses Türkis – die Farbe des Universums. Ziel der Forschung war es nicht, eine universelle Farbmode zu kreieren, sondern Aufschlüsse über die Entwicklung der Sternentstehung im Verlauf der letzten Milliarden Jahre zu erhalten. Es ist ein wenig überraschend, dass die Farbe grünlich ist, denn es gibt keine grünen Sterne. Vermutlich führt die große Zahl an alten roten und jungen blauen Sternen zu dieser Mischung. Wer sich die Farbe selbst mischen möchte: Die RGB-Farbwerte betragen 0,269, 0,388 und 0,342.

Eine Dunkle Energie bläst das Universum auf

Die Dunkle Materie ist eine rätselhafte Substanz. Da sie sich aber auf viele Arten über ihre Schwerkraftwirkung nachweisen lässt, besteht kaum ein Zweifel an ihrer Existenz. Doch was amerikanische Astronomen Ende 1998 entdeckten, verschlug den Kollegen den Atem. Sie hatten Supernovae beobachtet, die in unterschiedlichen Entfernungen (sprich zu unterschiedlichen Zeiten in der Vergangenheit) explodiert waren. Aus den unterschiedlichen Helligkeiten konnten die Forscher ermitteln, mit welcher Geschwindigkeit sich das Universum in der Vergangenheit ausgedehnt hat. Das Ergebnis war verblüffend: Die Expansionsgeschwindigkeit des Universums hat in den vergangenen Milliarden Jahren zugenommen.

Das widersprach der damaligen Lehrmeinung, wonach sich der Raum immer langsamer ausdehnen sollte. Der Grund hierfür ist leicht einzusehen: Der Raum hat im Urknall einen Schwung mitgekommen, der ihn aufbläht. Die Schwerkraft aller Materie wirkt dem aber mit ihrer gewaltigen Anziehungskraft entgegen und versucht, die Ausdehnung zu bremsen. Wenn der Raum sich stattdessen beschleunigt ausdehnt, so kann dies nur bedeuten, dass eine unbekannte Form von Energie wie ein Druck wirkt und den Raum auseinandertreibt. Astrophysiker tauften sie Dunkle Energie.

Die jüngsten Beobachtungen zeigen, dass diese Dunkle Energie bereits im jungen Universum existiert hat. Sie unterstützte den Urschwung, den der Raum im Urknall erhalten hatte. Gleichzeitig wirkte die Schwerkraft aller Materie dieser Ausdehnung wie eine Bremse entgegen. Dunkle Energie und Materie rangen um die Vorherrschaft. Anfangs überwog die Schwerkraft, doch vor fünf bis sechs Milliarden Jahren gewann die Dunkle Energie die Oberhand. Seitdem dehnt sich das Universum beschleunigt aus.

Seit der Entdeckung der Dunklen Energie setzen Forscher alles daran, ihre Natur besser zu verstehen. Sie bedeutet eine echte Revolution in der Physik, denn niemand weiß, worum es sich handelt, oder woher sie kommt. Anders als die Dunkle Materie, die sich in riesigen Wolken angesammelt hat, durchzieht die Dunkle Energie das gesamte Universum gleichmäßig. Manche Physiker führen sie auf eine Eigenschaft des Vakuums zurück. Im Zusammenhang mit der Hawking-Strahlung bei Schwarzen Löcher haben wir davon gehört, dass im Vakuum unablässig Teilchen entstehen und nach Bruchteilen einer Sekunde wieder verschwinden. Dieses brodelnde Vakuum könnte die Dunkle Energie liefern. Doch von einem Verständnis dieses Phänomens sind die Physiker noch weit entfernt.

Vielleicht steckt in der Dunklen Energie der Schlüssel zu einem völlig neuen Verständnis der Naturkräfte. Auf jeden Fall hat sie einen entscheidenden Einfluss auf die Zukunft des Universums.

Wie viel wiegt das Universum?

Das Universum zu wiegen, erscheint einem normalen Menschen ganz unmöglich. Für die Astronomen ist schon die Frage an sich nicht eindeutig. Welche Materie zählt, nur die normale, oder auch die Dunkle Materie? Muss man auch die Dunkle Energie hinzuzählen? Es gibt deshalb mehrere Möglichkeiten, die Gesamtmasse des Universums zu bestimmen. Eine grobe Abschätzung geht so:

Vor einigen Jahren machte das Weltraumteleskop Hubble die bislang am längsten belichtete Himmelsaufnahme. Auf einer Fläche, die einem Zehntel des Vollmondes entspricht, waren rund zehntausend Galaxien erkennbar. Auf die gesamte Himmelssphäre hochgerechnet ergibt dies die gewaltige Zahl von 130 Milliarden Galaxien, von denen jede etwa hundert Milliarden Sterne wie die Sonne enthält. Insgesamt ergibt dies ungefähr $3 \cdot 10^{52}$ Kilogramm. Das ist eine 3 mit 52 Nullen.

Das ist aber nur die normale Materie, die vier Prozent der Gesamtmaterie ausmacht. Wenn es darum geht, die Entwicklungsgeschichte des Universums zu verstehen, dann muss man die Dunkle Materie hinzuzählen. Sie beinhaltet 23 Prozent der Gesamtmasse, entsprechend $3 \cdot 10^{53}$ Kilogramm.

Und da nach Einsteins Formel $E = m \cdot c^2$ Energie (E) eine Form von Materie (m) ist, lässt sich auch der Dunklen Energie eine Materiemenge zuordnen. Nach heutiger Kenntnis trägt sie 73 Prozent zur Gesamtmasse des Universums bei, macht also $6 \cdot 10^{53}$ Kilogramm.

Damit wiegt das Universum rund 10^{54} Kilogramm. Die Zahl ist natürlich nur sehr grob, da wir anfangs angenommen haben, die Galaxien auf der Hubble-Aufnahme würden im Durchschnitt so viel Masse besitzen wie die Milchstraße. Aber sie gibt einen Anhaltspunkt. Vorstellen können wir sie uns ohnehin nicht – auch Astronomen nicht.

Das Ende ist dunkel und kalt

Wenn die Dunkle Energie ihre heutige Eigenschaft beibehält, dann wird sich das Universum bis in alle Ewigkeit mit immer größerer Geschwindigkeit ausdehnen. Wie sieht die Zukunft unter diesen Bedingungen aus?

Zunächst einmal gehen in etwa 10^{14} Jahren alle Lichter aus. Das geschieht, wenn alle Sterne ausgebrannt sind und